Leaves
Publishing

根　以讀者爲其根本

莖　用生活來做支撐

葉　引發思考或功用

果　獲取效益或趣味

Oh ! Happy

親子廚房

蘇翠娟◇著

推薦序

親子美食DIY

不知道是否每一個小孩都喜歡烹飪，就像是我很喜歡煮飯呀、做三明治……等等，據我所知，我身邊的朋友都很喜歡煮菜，老是會炫耀他們昨天做了甚麼，可是共同的感覺是都找不到讓人喜歡的食譜，這次，蘇老師的《Oh！Happy親子廚房》，肯定會讓我學到很多的做菜方式，讓我可以做出好吃的菜，這本書讓我迫不及待。

林芸（新上國小 五年七班）

小孩子好吃是天經地義的，尤其是蘇老師的食譜就是我們家丫頭的最愛，那一篇篇精美圖片勾著她的嘴，更勾起她無邊的興趣，通常一些簡單的工作倒是會讓她分擔，像打蛋、切豆腐、洗菜……等等。我發現只要她參與過的，必能讓她吃得盤底朝天，所以親子一起DIY，最直接的就是孩子最好的開胃菜。由於和蘇老師合作過多年的廣播節目，她是可以很專業的教料理，也可以讓食譜變成很大眾化的課本，我與女兒摩拳擦掌期待食譜上市而大顯身手；我想親子不只是可以在一起聊天閱讀，將來，進廚房做點心，會是未來親子互動的新方向呢。

孟利路
（金鐘獎得主，今天吃甚麼、豫見打狗城節目主持人）

每一次想要吃點心的時候，媽媽卻甚麼也不會做，這時只好出去外面買了。有時候我一時興起，想要和媽媽學做甜點時，媽媽都嫌太麻煩也連一樣都不會，當然我也學不來了；蘇老師的漢堡、鬆餅、巧克力糖球、鹹酥雞……等等，都是我最愛吃的。我要求媽媽要蘇老師教我，媽媽都說蘇老師很忙不好意思麻煩她；現在可以依蘇老師出的食譜製作，這樣媽媽和我就都會做了！

周廷宇（永靖國小五年級）

與蘇老師一起製作美食單元，相知相惜已有十多年之久，我每換一個新東家，蘇老師都不曾離我而去，她不但是我的摯友，更是掌控全家味蕾的主宰者，每當餐桌上出現意外驚喜的菜餚，家人都心照不宣的說蘇老師做的；而我一向對甜味西點興趣缺缺，會要求蘇老師上節目的內容以炒菜為主，點心方面也盡量求簡，這本《Oh！Happy親子廚房》的內容及陳述，也正是如我般職業婦女所迫切需要的，又可滿足兒子在點心上的需求，除了能增進親子的親密感外，在兒子的心目中，我是多才多藝、值得向同儕炫耀的母親了。

曾美霞（曾平）
（金鐘獎得主、高雄廣播電台副台長、綺麗人生美食DIY節目主持人）

Party在我家

「人與人之間最近的距離非美食莫屬」，與兒童的美食淵源，源自於兒子就讀小學及國中的階段，當時我每天都幫兒子送便當，兒子的便當菜餚常常引來同儕羨慕的表情，兒子也會主動將便當與同學分享；記得兒子的導師，在班上烤肉時品嚐了自製烤肉醬，爾後，每每的例行活動，不忘囑咐兒子多準備一些，讓兒子出盡鋒頭；許多朋友的下一代，例如：曾平家的周廷宇、孟利路家的林芸，是我的小粉絲之首席代表。

去年，受邀支援摯友得惠的暑期兒童才藝班，雖然只有短短數堂課，我與他們因緣際會的建立了親密情感，而讓我驚訝不已的卻是，兒童對餐飲美食的好奇心、學習興趣與能力，超乎我的初估，上課時所提出問題之深入，與創意之舉一反三，有時令我咋舌難以招架；實做的過程動作歷練而不怯場，讓我興起出書與孩子們有約的意念，適逢與葉子出版社鄭主編相談甚歡，此書因此孕育而生。

本書不僅融入曾對孩子問卷的喜好菜餚，並顧及父母的喜好，為了使初學者及孩子對平日艱澀的專有名詞能簡易理解，用了許多篇幅做詳盡解釋，與市場一般工具書有所區隔，盼望能以美食為橋樑，提昇親子及全家的幸福感。在家中開Party，縱然沒有烘烤完美的餅乾、美侖美奐的裝潢與燈光氣氛，即使是烘烤過度的全雞、造型令人噴飯的餅乾及麵包，但是可以不受餐廳九點半打烊設限而囫圇吞棗，更不用擔心因孩子的跑跳嬉哈，面對業者的嚴峻制止時的尷尬表情，能優雅細品的分享美味，多一點倘徉自在的當下，若你擁有了這本書並愉悅的身體力行之後，你可以發出邀請函，大聲的說出——「宴客地點就在我家」。

蘇翠娟 謹誌

2005.2.1

如何使用本書

將Party所需的Menu分門別類：從輕食的餅乾派類，到豐盛的主餐湯品，甚至於各式蛋糕甜點、濃郁爽口的飲料，一一端上桌，讓大人小孩這些座上佳賓，共同完成一場盡興的歡樂Party。

Part 5

麵包

親子廚房Menu　　蔓越莓麵包　⊙虎蛋手捲　⊙飯酥雞捲　⊙黑糖甘藷麵包　⊙海德堡麵包酥　鮪魚千層酥麵包　⊙甜心三明治

主題餐點代表圖

各式主題推薦的菜單，您可以從這些菜單中，選擇您與孩子所喜愛的口味，進行自由且充滿創意的搭配。

成品完成圖。

所準備材料可做出此道料理
之份量數。

每道料理的正確名稱。

準備適當份量材料是完成
美味料理的必要條件。

餅乾類
33

✳ ✳ 杏仁海苔瓦片

● 份量・約 **20** 個

✳ 材料

全蛋1個 蛋白80公克 鹽3公克 細砂糖100公克
低筋麵粉50公克 奶油40公克 杏仁片200公克
海苔粉10公克

● 做法

1 將全蛋、蛋白、鹽、細砂糖先攪拌均勻，至細砂
糖完全溶化。
2 加入篩過的低筋麵粉，用手拌勻。
3 先加入融化奶油拌勻，再加入杏仁片輕輕拌勻。
4 在烤盤上鋪蒸烤紙，將材料在模型中攤成約直徑
6公分的薄片（圖a）。
5 薄片灑上海苔粉（圖b）。
6 以上火150℃、下火140℃，烤12分鐘，至餅乾
周邊呈金黃色即可取出。
7 等餅乾完全冷卻後立即裝入密封罐中，以避免受
潮影響口感。

Tips ✳

✳ 加入杏仁片之後，避免用力攪拌使杏仁片
破損。
✳ 若是使用黑色不沾烤盤，則不必再鋪蒸烤
紙底布。
✳ 烘烤時材料一定要攤平，大小也要一致。
✳ 趁熱時取出薄片會較容易。

詳細的步驟解說與分解圖，
讓您操作時不容易出錯。

決定性的一點訣，有時成品的道地與
否、美味與否就在這小小的細微處。

目錄CONTENTS

Part 1 餅乾類

Cookie

在小小的餅乾上，加一點想像，添一點心思，灑點海苔粉、巧克力口味的花紋，以及甜甜的果醬，就是一盤美麗的花式小點心。

Part 2 派類

Pie

「派」是分享主義的最佳代表，在Party上一邊分而食之，一邊討論美味的程度，讓歡樂和口感一樣豐富。

Part 3
蛋糕類
Cake

拿起一塊綿密的蛋糕，玩起猜謎的遊戲，
是濃濃的抹茶、清爽香橙，還是黑糖滋味？
答案都在咬下第一口時浮現。

Part 4
慕斯及果凍類
Mousse & Jelly

慕斯是溫柔的，果凍是頑皮的；
草莓是香甜的，芒果是機伶的；
隨手拿了一個，就不小心透露了自己個性。

Part 5
麵包類
Bread

吃一口麵包，就吃下了一口飽足，
裡頭鋪上的層層疊疊是一種用心，
引出餐桌旁彼此被落讚嘆聲。

Others
Others Others Others
Part 6 Others Others Others
Others Others Others Others Others Others
Others Others Others Others Others
其他類 Others Others Others Others Others
Others Others Others Others Others Others
Others Others Others Others Others Others
Others Others Others Others Others Others
Others Others Others Others Others Others
Others Others Others Others Others Others
Others Others Others Others Others Others
Others Others Others Others Others
Others Others Others Others Others
Others Others Others

沾了一身巧克力泥，卻還要在碎杏仁上打滾，
不甘只是白衣白裙，麻糬一次展示三款造型，
一場Party，激起了食物的玩樂性格。

Main
Courses & Soup Main
Courses & Soup Main Courses &
Part 7 Soup Main Courses & Soup Main
Courses & Soup Main Courses & Soup Main
主食及湯品 Courses & Soup Main Courses & Soup Main
Courses & Soup Main Courses & Soup Main Courses
Courses & Soup Main Courses & Soup Main Courses
& Soup Main Courses & Soup Main Courses & Soup
Main Courses & Soup Main Courses & Soup Main
Courses & Soup Main Courses & Soup Main Courses &
Soup Main Courses & Soup Main Courses & Soup Main
Courses & Soup Main Courses & Soup Main Courses
& Soup Main Courses & Soup Main Courses & Soup
Main Courses & Soup Main Courses & Soup Main
Courses & Soup Main Courses & Soup Main
Courses & Soup Main Courses & Soup
Main Courses & Soup Main Courses
& Soup Main Courses &
Soup Main Cour

打上緞帶的烤雞有節慶的味道，
將粉嫩火腿香蒜雞肉的美味捲起來，
一個也不准跑掉，
無論濃郁或者清爽，湯就是一種美好的存在。

Drink
Drink Drink Drink
Drink Drink Drink Drink
Part 8 Drink Drink Drink Drink
Drink Drink Drink Drink Drink
飲料類 Drink Drink Drink Drink
Drink Drink Drink Drink Drink
Drink Drink Drink Drink Drink
Drink Drink Drink Drink Drink Drink
Drink Drink Drink Drink Drink Drink
Drink Drink Drink Drink Drink Drink
Drink Drink Drink Drink Drink Drink
Drink Drink Drink Drink Drink
Drink Drink Drink Drink Drink
Drink Drink Drink Drink
Drink Drink

倒映在杯子裡的臉，不只是快樂；
繽紛多彩的液體，不只是飲料；
是眾多食物喧嘩中的一種陪伴。

本書材料容量與重量換算表

材料名稱	量匙、量杯、個	公克	材料名稱	量匙、量杯、個	公克
全蛋（大）	1個	60	牛奶	1C	240
	1C	227			
蛋白	1個	40	豬油	1C	220
	1C	227			
蛋黃	1個	20	奶油	1C	227
	1C	227		1T	14
高筋麵粉	1T	8	奶粉	1C	121
	1C	120		1T	7
低筋麵粉	1T	7	乾酵母	1T	2.5
	1C	107		1t	7.5
發粉	1t	4	香草粉	1T	12
二砂糖	1T	14	楓葉糖漿	1C	340
	1C	200		1T	20
細砂糖	1C	200	糯米粉	1T	13
糖粉	1C	130	酸奶	1T	22
	1T	7	水	1C	236
可可粉	1C	100		1T	15
鹽	1t	5	白油	1C	188
葡萄乾	1C	170	草莓粉	1T	5
杏仁粒	1C	114	黑糖	1C	162
杏仁粉	1C	128	塔塔粉	1t	3
杏仁片	1C	80	黑啤酒	1T	16
沙拉油	1C	227	香橙干邑酒	1T	16
蓬萊米粉	1T	12	波爾多紅酒	1T	16
鮮奶油	1C	272	藍姆酒	1T	10
小蘇打	1t	5	芒果果泥	1C	250
乾酵母	1t	3	香料	1T	12

1C=1cup（1杯）　1T=1 Table spoon（1湯匙）　1t=1 tea spoon（1茶匙）

＊重量換算表

1公斤＝1000公克＝2.2磅

1台斤＝16兩＝600公克（g）

1台兩＝37.5公克（g）

1磅＝454公克＝16盎司（oz）

1盎司＝28.35公克（g）

＊烤箱溫度華氏（°F）、攝氏（°C）換算表

110℃＝230°F	120℃＝250°F	135℃＝275°F
150℃＝300°F	160℃＝320°F	170℃＝240°F
185℃＝365°F	200℃＝390°F	210℃＝410°F
220℃＝430°F	235℃＝455°F	250℃＝480°F

在廚房與孩子約會

皮皮的生日快到了，他私下與球球商量，好想邀文文與萱萱全家來家中慶祝生日，當媽媽答應皮皮與球球，可以完成心願，邀請同學到家中來聚餐。興奮的皮皮與球球便開始擬定宴客的名單、菜單及Recipe，可是面對著市面上所出售琳瑯滿目的餅乾、糖果、麵包、鹹酥雞……等，不但擔心色素、回鍋油及防腐劑，要如何顧及符合衛生條件及可口美味兼具，真是傷透腦筋；於是媽媽建議在家中親自動手製作，皮皮與球球期待著這一天的來臨，於是每天放學後與媽媽在廚房中，在簡單的菜單中挑

選出烤雞、巧克力糖球、聖誕巧克力屋、心形三明治……；及爸爸指定的黑啤酒乳酪蛋糕、雞尾酒……；媽媽喜愛的夏之戀布丁、香酥地瓜派……等等，並逐一試練，爸爸與媽媽也明顯感受到，皮皮與球球的人生態度有了極大的轉變，除了變得更開朗外，還建立了自信心，有任何心事都會與爸爸媽媽溝通。

營造親子廚房的目的、功能

在孩子的養育、教育功能中，生活技能的培育，已愈來愈受到重視，親子廚房正是具有這種多面培育功能的場所，可藉由親子廚房的營造，來滿足孩子由個人的生活圈跳出，而轉移到固定成員的小團體，以適應未來的團體生活，對孩子將來嶄新的人生歷程具有重大意義。

1 建立兒童的樂觀及自信心

在日常生活或作息中，在廚房中，父母常常用「我們家的小廚師真棒，是媽媽的好幫手呢！」來鼓勵孩子慢慢的學習，做出屬於自己的東西。還有孩子能有機會與朋友相處的樂趣，能平衡、調和及助益其成長，孩子忽而喜歡獨處，有時又喜歡團體互動，這種波浪式的轉變是合理現象。

2 可以贏得孩子的心

　　學齡期的兒童對這個世界充滿了好奇心，除了讀書及遊戲外，父母提供開放且多元的生活方式，陪讓孩子度過童年時光，更是重要。其實在孩子心中，往往以自己的父母為傲，尤其是有個會做菜的媽媽。孩子常會互相比較便當，有的還會請媽媽多做一些，帶來學校請同學或老師吃，這帶給孩子的滿足感，是無法言喻的。

3 親子雙向溝通管道更暢通

　　許多父母常常感嘆自己的孩子隨年紀的增長，似乎逐漸失去膩在一起的那種甜蜜，廚房是一個充滿歡笑聲、容易滿足快樂的所在，也是創造小小生活高手學習高招之處，假如廚房只有祥和、慈祥的氛圍，沒有怒斥的責罵，在耳濡目染下，孩子的情緒不會有起伏不定的波動，父母也可以趁機會引導孩子抒發一些沉壓在心中的不悅，父母更能深入孩子的內心深處，從旁協助成功化解痛苦與徬徨，若孩子能對父母有不吐不快的衝動，就不會有那麼多的父母，直到孩子自殘、闖了禍，還蒙在鼓裡，讓孩子瞭解它是父母的最愛、心中的寶貝，就由廚房開始吧！

4 滿足孩子的存在感

　　學齡的兒童，常常會以家及家人為傲，當他希望擁有專屬的「權利與義務」，並且是家中重要的一份子，更希望得到應有的認同，甚至父母會引以為傲。其實孩子並不願意被父母當成寵物般呵護著，因此有時會以惡作劇來刺激父母，提醒父母不要用敷衍的方式來塘塞他，在宴會前，先徵詢他的意見，如訪客名單、宴客菜單，如此一來，可以有效滿足他受重視的存在感。

5 提高孩子面對挫折的容忍力並增加挑戰心

　　在製作西點的過程中，失敗是難以避免的，許多孩子在平常生活當中，不願意接受挫折，而會選擇逃避、哭鬧及發脾氣的方式，而引來父母過度保護，因此，當孩子開始學習餐飲製作時，就是一種持之以恆的耐心練習，且在失敗中，擷取經驗。父母可以在製作失敗的同時，趁機教育孩子，以瀟灑的口吻幽自己一默：「媽媽做錯了、這次失敗希望下次會成功。」或是「媽媽需要你的加油、幫忙……」、「再試一次！」等等字語，使孩子能以平常心來面對與解決挫折，並學習正面迎接與面對失敗，而不會感覺害怕及擔心。

6 培養孩子對度、量、衡的觀念

時間、空間與重量的數字在孩子的心目中是很抽象、很難去定位的，多少公克、多少cc、多少斤、多少兩，比湯匙、量杯難懂，本書以窩心的方式為讀者做了一些換算，當然以重量是最為精準，量杯、量匙會有誤差；在教孩子使用磅秤時，可用不同的材料放在磅秤上，也可以讓孩子將手放在磅秤上，說一個數字，讓孩子使力並精確的指出正確位置，如此讓孩子重複多試驗幾次，就可得心應手了。

7 訓練責任感，以及如何分工合作

餐飲製作是一種群策群力的工作，不但孩子無法獨立完成的點心或菜餚，父母也不見得可以單獨處理，若能在孩子遇到瓶頸時，適時的給予協助，或者安排他跟同儕或朋友共同完成，讓孩子充份了解合作的重要性。此外，所謂的餐飲製作是一系列的，包括善後工作、器具使用完了必須歸位，免得下次要使用的人會找不到，必須讓孩子明白到這是責任感的表現，可是也別忘了，當他完成工作之後，給予適度的讚美與謝謝，讓孩子體驗到成就感。

8 改善偏食的問題

偏食是父母常常遇到的問題，令許多父母相當頭痛與棘手，過度的強迫與順從孩子的喜好，反而會造成反效果，可是父母往往忽略了孩子有許多不良習慣的養成，源自於大人的求好心切與緊張過度；因此，當皮皮看到文文正在吃他平常不喜歡吃的蔬菜時，媽媽會用很歡愉的口氣說：「文文，好不好吃？」當文文笑著點點頭時，媽媽便也會鼓勵皮皮嚐試一口，受了同學及愉悅氣氛的感染，皮皮竟然吃了許多平常碰都不碰的菜餚。

讓孩子在很自然的情況下，而不是父母的勉強，漸漸的將偏食問題改善。

9 養成良好的飲食習慣

一般在家裡用餐時，很少去講究用餐禮儀，大都會注意坐姿或吃相，甚至有些小孩還會一面吃飯一面看電視，有的孩子吃飯吃到一半，會站起來跑跑跳跳，優雅的餐桌禮儀，要適時適地的教導，許多父母常常在愉快的用餐時刻，突然用一副道貌岸然的嚴肅表情數落孩子不是，讓全家都胃口盡失，也拉遠了親子的距離。如何選擇適當的時機教導孩子的餐桌禮儀，也是值得推敲的，可以在宴客時，輕鬆自然教孩子禮儀，因為不是強迫性，同時大家一起學習，孩子的排斥性就會減低，慢慢就養成良好的飲食習慣。

10　學習服務的教育意識

　　許多父母將教育意識設定在「讀書」及「得高分」，真正的好教育，是讓孩子由學校這個社會壓力解放後回到家裡，能有自由的、安全的場所去做生活教育的學習，廚藝的「做中學」，不但是技能的學習與經驗，也是一種成長的體會。而且，藉由與自己喜歡的朋友、同學餐敘機會，讓兒童從個人生活圈的活動，進而習於在小團體中服務他人，最終能夠適應大團體生活。

11　讓兒童認識金錢的「自主性」

　　許多家長往往忽略對小孩的零用錢支出的的分配，孩子的追求的東西與價值觀的標準，大人難以理解，有部分家長認為孩子的零用錢數目不大，而讓孩子「自由支配」，容易養成浪費的習慣；大人可以藉由招待孩子的朋友來家裡，建議孩子先把零用錢儲蓄起來，並教導他如何分配這些錢來，來辦個完美的餐會，這樣可以引導孩子，如何有計劃的支配金錢。

12　讓孩子重視安全與衛生

　　不可諱言的，生活中潛在的危機很多，人為疏忽的意外往往造成無法挽回的遺憾，廚房工作也有其危險性，除了教導孩子如何保護自己避免受傷外，還要進一步學習如何應付突發的狀況，將安全教育融入生活中，透過廚房的環境與孩子討論危險發生的原因、狀況及思考應變方式。父母須以身體力行來示範安全規範，也可安排機會讓孩子體驗、了解廚房安全的重要，讓孩子遵守各種常規、正確使用各種器材、工具，及如何尋求協助。例如：鍋子著火了怎麼辦、被刀子割傷了如何處理、急救箱的放在哪裡、瓦斯爐及烤箱的正確使用方式、記得拔掉烤箱的插頭、瓦斯的總開關是否鎖緊……務必以嚴肅的心情、認真的態度去執行各個製作過程，才能避免孩子受傷，可以安全快樂的成長。

13　懂得如何去支配時間

　　孩子對時間的支配往往會比較凌亂，有時無法依照計劃的時間表來進行，但是餐飲製作卻是必須遵守時間，有時烘焙不足會不熟，反之，過度烘焙則會烤焦，如能準備計時器引導孩子重視時間，拿捏經驗，及了解製作的先後次序，長久累積，不但增加了孩子技術上的熟練度，更能有時間觀念，例如：製作戚風蛋糕時，一定要從蛋黃糊先拌合，等到戚風蛋糕的蛋白打發後，再與蛋黃糊拌匀時，時間要掌握得恰恰好，否則會因為蛋白的消泡而影響蛋糕的成品。當孩子完成一個階段時，給予稱讚：「你的動作比媽媽快耶！」如此一來，孩子會牢牢記住，時間在點心製作中是多麼重要啊！

如何建立親子廚房

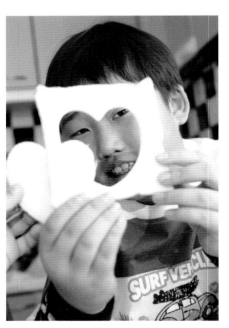

　　除了餐廳的窗明几淨、溫馨氣氛佈置外，音響及音樂的挑選也是很重要。由於現代廚房空間比較狹小，也往往堆積許多雜物，協同孩子參一腳，整理出足以使用的空間，免得容易打翻菜餚。另外，讓孩子確認器具置放處，避免「物到用時找不到」；小心操作工具，善後時容易歸類，而孩子的衣著及鞋子也要注意安全性，衣著以容易清洗為主，不要穿需要乾洗的衣著，冬天要避免孩子不小心弄濕衣服而感冒了，最後請注意，鞋子要有止滑效果。當一切都準備妥當，好！可以開始建立親子廚房了。

1　先與孩子共同訂定菜單

　　先決定Party的類型與用餐時段，確定宴客名單，有的家長會一同出席，依人數去訂定菜單；讓孩子學會面面俱到。先徵詢來賓的喜好是很貼心的一種做法，這樣每位客人都會有被重視的感覺，達到賓主盡歡。菜單的擬定不要侷限在同一類型，選擇部分可以事先製作的點心或餅乾類，油炸類如鹹酥雞，可以事先炸過一次，放置冰箱待食用前，加熱即可。湯也可以事先熬好，再用微波爐加熱，烤雞先醃好，在估計烘烤的時間前烘烤；如此依書中分類成：點心，鹹、甜、湯品、飲料，一場選擇多樣的宴會，成功的Party就在眼前了。

2　擬出菜餚的内容及份量

　　書上所記載的份量，若是無法與宴客的人口數相契合，則可以利用計算機將材料表按比例計算出所需的份量，重新填寫一張材料表，用護貝夾套住（不必封死），避免在使用的過程中受到污染而破損，同時也便於修改。由於並非所有的烤箱的溫度是一致，所以書上所提供的爐溫是有彈性的。若是在晚上舉行宴客，來賓是孩子，切記將飲料中的茶類稀釋，因為茶葉中含有咖啡因，避免孩子晚上睡不著。

3　添購齊全的器具

　　添購齊全必須的器具、模型及磅秤、鋼盆、隔熱手套等，並加以清洗乾淨及擦乾，製作西點蛋糕的打發蛋白，最忌諱有油及水份；本書中特地將許多未使用到烤箱的菜餚或點心列入，就是要讓家中沒有烤箱的朋友，可以有更多的揮灑空間，例如鹹酥雞、咖哩蛋包飯、豬肉米漢堡、起司煎餅、火腿糯米捲等等，只需

簡單的瓦斯爐、炒菜鍋及電鍋，也可以做出可口、專業的佳餚。準備容器時，請注意材質要選安全性較高，最好是耐熱且不怕摔的。

　　餐具的準備，也要顧及孩子的好動性，吃到一半會站起來追追、跑跑，刀、叉、筷子尖銳，瓷碗、瓷盤容易摔破，具有危險性餐具要斟酌使用，美耐皿及湯匙會安全些。

4　教導孩子一步一步來

　　訂出菜餚的製作程序，認識基本常用的材料及工具，並與孩子詳加研讀每個步驟，必要時可利用孩子閒暇時，預先製作數次，增加熟悉度，事前的準備工作愈齊全，製作的進行就愈順利，更能將失敗率降到最低。

5　與孩子一起挑選購買食材

　　在購買食材的過程中，孩子可以學習自我保護與注意安全，除了在交通安全外，還有對於周邊環境的警覺；例如：在公共場所如何維護自己的隱私、不接受陌生人的餽贈、不隨意告訴家中的電話號碼、公共環境的逃生設備等等，都是可以及時教導的，而父母的身教更是適時的範本。購買食材時，先與孩子規劃清單，養成孩子做事的條理，若是未先加以整理，憑記憶去買東西，到時候缺東缺西，是無法如期完成餐點的。此外，在購買時除了要用的食材，孩子也可以認識許多不曾見過的東西，藉以開拓孩子對於各種食材的的知識。

6　正確使用工具

　　每一樣工具在不當的使用下，都具有相當的風險性存在；要將「傷害預防」做得滴水不漏，是與孩子在廚房進行工作時的首要之務。在廚房嬉戲，或是跑來跑去是絕對禁止的，若是父母要退居幕後讓孩子自行操作，也要隨時提高警覺，因為，有許多步驟，在大人執行上認為理所當然或輕而易舉，對孩子而言卻是危險的動作，特別是瓦斯爐的高度，是配合大人的身高所設計，對孩子來說並不適宜，若在孩子使用瓦斯爐時，最好能將瓦斯爐高度降低，切勿讓孩子站在小椅子上，這是非常危險的一件事；同樣地，烤箱的高度也要放置得宜，讓孩子的操作順手才不會發生危險。記得，這些器具使用完畢，總開關一定要關閉。

7　避免超越孩子的能力範圍

　　製作過程「由簡而繁」、「由小而大」，將簡單的秤量、洗菜、整形交由小助手完成，要量力而為，不要交付超越孩子能力範圍的工作。事先的說明、照進度執行，便可以創造出親子廚房的樂趣與驚喜。

與孩子在廚房中的溝通與注意事項

　　「尊重孩子的邏輯思想，鼓勵適時表達」。學齡期的兒童有時似乎是像個小大人般的追求完美，可是有時卻又擺出「我不玩了」的逃避及耍賴態勢，但畢竟他還只是個小孩，為人父母的對兒童不可有過分的期待及要求，如果給孩子太多超越能力的難題，只會增加孩子的恐懼感與逃避心理。所以父母在廚房中如何與孩子溝通，也是重要課題。

1　掌握稍安勿躁、循序漸進的原則

　　在還未動手做點心之前，與孩子角色互換，可以建議孩子把工作流程做個全盤了解之後，由孩子當小老師，講解一次給父母聽，父母也可以藉此與孩子討論是否有遺漏流程或誤解，若能將事前的準備工作籌畫得更完善熟悉，掌握稍安勿躁、循序漸進的原則，在廚房的分工中齊心合力，將會營造出溫馨氣氛，並流暢的完成超級任務。

2　讓孩子不感覺孤單、徬徨

　　當發現孩子遭遇困難時，可以設定小範圍的援助，若是他能突破任何一個小障礙，其餘的困難亦可迎刃而解，這樣的成功將會讓孩子滿足，反之，過度的幫忙，反而剝奪了屬於孩子的成就感：「你練習之後就會做得更好！」「再加點油！」「媽媽陪你一起做做看，兩個人的力量會比較大！」雖然只有簡短的幾個字，可是孩子會感受到媽媽跟我是同一國的，他並不孤單及徬徨，媽媽不是在哄騙他，他會信心倍增而更賣力的全力以赴，所以鼓勵孩子學習一點一滴的親自動

手，父母要耐心與孩子溝通是絕對必要的。

3 讓孩子適時表達其邏輯思想

　　當父母在餐點製作過程中，遇到父母不以為然的情況，或是與孩子意見相左的時候，切勿太直率的說出孩子錯了，或是嚴厲的批評，或是說「你好笨，連這個都不懂。」等字眼及否定態度，可以輕柔的口吻提醒孩子，例如磅秤看錯了、或是食材的先後次序弄顛倒了，如果父母不費點心思，有可能會因為不經意的一句話，刺傷了孩子的自尊心，如此會中斷了孩子的學習慾望。所以，在廚房中與孩子溝通盡量不要使用責備或教訓的語氣，但是仍要堅持讓他做好一切份內的工作，如此一來才能累積有效的具體經驗。

4 讓孩子有擇友空間

　　不要干涉他選擇朋友，讓孩子培養判斷力，當孩子興致勃勃的一面做，一面訴說著他的朋友在飲食方面的喜好時，要尊重孩子的想法，也鼓勵孩子適時的做表達，跟同年齡的朋友交往，是孩子成長中最適合的精神調劑，孩子有他選擇朋友的思考觀點，不要批評他的朋友，藉著宴會可以增進孩子的人際關係。

5 給孩子嘗試創造體驗

　　不要太堅持一定要照食譜做出一模一樣的成品，食譜僅僅代表學有專精的作者，對這些餐點所表達的個人意見，以及給讀者的建議而已，並沒有絕對的權威性，也不是與食譜不同就是錯的，況且這年齡的孩子對各事物都抱著關心與好奇的心態，尤其創造力特別豐富，常常會以相同的材料做出連大人都意想不到的作品。不妨配合孩子的感覺與心情，去調配製作一些簡單的菜餚，如此一來，孩子可以學習到什麼叫做「嘗試」。父母或許會覺得很好笑，但此時孩子最需要的是父母讚許的態度，孩子可以增強信心並肯定自己，縱使失敗了，也能讓孩子體驗其中的樂趣，並接受失敗的事實，這時可以從旁指導依照食譜再做一次。

大手、小手一起攜手做點心

　　在今夜，沒有惱人的功課與繁複的親子問題，只想邀請你們全家一起分享我們用熱情心靈點綴出豐盛餐點，雖然沒有大師級的廚藝，但伴隨的是溫馨的氣氛；因為咀嚼的是家庭的歡樂與幸福，裡面添加了愛的甜蜜滋味與暖意，且不會增加您營養的負擔。最後別忘了，讓孩子在歡樂的回憶中，記下他的感受，也可以訓練孩子的寫作紀錄能力，或做成卡片，送給參加的來賓。

cookie

Part 1
餅乾

花生果醬餅乾

份量 > 約**20**個

✳ 材料

奶油60公克　二砂糖80公克　全蛋60公克　香草精少量　中筋麵粉180公克　糯米粉12公克　蛋白1個
花生粉適量　果醬少量

✳ 做法

1 奶油加二砂糖以攪拌機打至略呈白色，再加入全蛋與香草精一起拌勻。

2 中筋麵粉與糯米粉篩勻備用。

3 將中筋麵粉與糯米粉加入做法1的奶油糊中用手拌勻。

4 用湯匙將做法3之奶油麵糊挖成球狀，先沾蛋白後再沾花生粉。

5 將做法4的球狀麵糊用手略壓扁，以小瓶蓋將中間壓成凹洞，填入果醬。

6 以上火170℃、下火170℃，烤15分鐘。

Tips ✳

✳ 如果奶油麵糊太軟，則可以略加麵粉調整其軟硬度。

✳ 若奶油麵糊略軟，則可以直接沾花生粉，不需再沾蛋白。

✳ 加入中筋麵粉之後，必須用手拌和，以避免出筋。

✳ 加入糯米粉可以使餅乾的口感比較硬，若喜歡軟質餅乾者，可以將中筋麵粉改為低筋，並且不用加入糯米粉。

麥片裝飾餅乾

份量 > 約**20**個

＊ 材料

奶油100公克　全蛋1個（約60公克）　香草精適量
中筋麵粉80公克　肉桂粉1/8茶匙
泡打粉1/4茶匙　麥片150公克　二砂糖50公克
巧克力適量

＊ 做法

1　奶油融化後與全蛋及香草精用攪拌機攪打均勻。

2　中筋麵粉、肉桂粉、泡打粉一起篩勻。

3　將做法2材料加入做法1中拌勻，再依序加入麥片、二砂糖，拌成麵糰。

4　將麵糰擀成0.2公分厚度，用模型壓成不同形狀（圖a）。

5　以上火180℃、下火180℃，烤到呈金黃色，約12分鐘。

6　以不同的巧克力裝飾（圖b）。

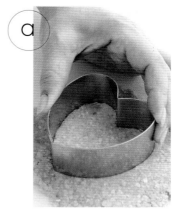

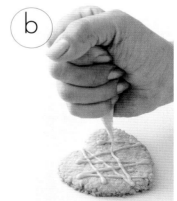

Tips ＊

＊ 此種餅乾屬於高纖餅乾，並不是油酥口味重的餅乾，所以口感比較硬。

＊ 麵粉加入之後，必須用手拌和，以避免出筋。

＊ 模型可以選擇心形、星星形、四方形、圓形、逗點等不同形狀，以創造不同的視覺樂趣。

＊ 餅乾冷卻後，立即裝入袋中防潮軟化。

鳳梨餅乾

份量 > 約**20**個

✳ 材料

A **內餡**：糖漬鳳梨8片　細砂糖112公克

B **麵糰**：無鹽奶油113公克　細砂糖56公克

　　全蛋60公克　中筋麵粉274公克　糯米粉22公克

　　香草粉2公克

C 全蛋1個

✳ 做法

1 內餡：鳳梨切成碎片，加入細砂糖煮至濃稠狀（圖a）。

2 麵糰：將奶油、細砂糖以攪拌機打至糖溶化，全蛋分兩次加入再打勻。

3 中筋麵粉、糯米粉、香草粉一起篩勻，加入做法2後用手拌成糰。

4 麵糰分割成每個20公克，搓成圓形後再壓扁，中間用容器挖個凹洞，將鳳梨內餡填入。

5 將剩餘的麵糰擀平，切成0.4公分細條，做成井字型蓋在鳳梨內餡上（圖b）。

6 刷上蛋汁，以上火160℃、下火160℃，烤15分鐘。

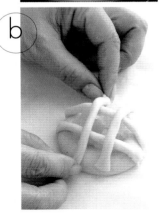

Tips ✳

✳ 這種餅乾的甜份，都集中在鳳梨餡中，餅乾本身的糖份很低，不喜歡吃甜的朋友，可以減少鳳梨餡的量。

✳ 麵粉加入之後，必須用手拌和，以避免出筋。

✳ 鳳梨餡可以購買現成做鳳梨酥或水果酥的餡料，如：藍莓餡、哈密瓜餡等。

摩登餅乾

份量 > 約**20**個

✳ 材料

中筋麵粉274公克　泡打粉2公克　細砂糖30公克
白油84公克　香草粉2公克　動物性鮮奶油64公克
冰水60公克

✳ 做法

1 將中筋麵粉、泡打粉、細砂糖、白油、香草粉混
　合拌成糰。

2 再加入鮮奶油及冰水揉成糰。

3 將麵糰擀成0.1公分厚度，用模型壓出形狀（圖
　a），麵皮表面用叉子戳洞（圖b）。

4 以以上火160℃、下火160℃，烤10分鐘。

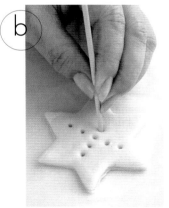

Tips

✳ 這種餅乾在國外烤肉時，常用來沾肉汁食
　用的餅乾。

✳ 可以用家中最容易取得的香腸、臘腸及肉
　鬆，與餅乾一起搭配享用。

✳ 若是想以中式口味呈現的話，餅乾上方可
　以放蒜苗。

✳ 這種餅乾使用的是白油，且糖份少、未加
　蛋，烤出來的色澤偏白。

炸蘋果甜甜圈

份量 > 約**15**個

✳ 材料

A 蘋果3個　乾麵粉適量　各式巧克力100公克
　　彩糖適量

B **油炸麵糊**：低筋麵粉250公克　太白粉125公克
　　全蛋1個　奶油30公克　鮮奶250公克
　　泡打粉5公克

✳ 做法

1 將蘋果去皮並切成0.8公分圓形厚片。

2 利用去心器將蘋果心挖出（圖a），再將蘋果用鹽
　水浸泡。

3 油炸麵糊：將所有材料調勻，靜置20分鐘。

4 蘋果擦乾水份，先沾乾麵粉，再沾油炸麵糊，油
　炸至金黃色，成甜甜圈狀。

5 將油炸成的甜甜圈，放在吸油紙上吸乾油備用。

6 選擇自己喜歡的巧克力口味，先切成小塊隔水融
　化，並淋在油炸過的甜甜圈上（圖b）。

7 將彩糖均勻的撒在甜甜圈上。

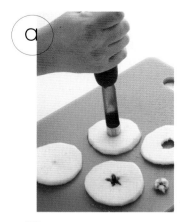

Tips ✳

✳ 麵糊中不加太白粉也可以，不過麵衣容易軟
　化，可加糯米粉，使麵衣的硬度更加持久。

✳ 蘋果也可用檸檬汁浸泡，防止氧化，但檸檬
　的價格比的波動較大。

✳ 油炸麵糊靜置20分鐘，可使麵粉與水完全融
　合，不會呈現顆粒狀。

✳ 蘋果容易出水，所以要擦乾並沾上乾麵粉，
　才較容易上漿。

✳ 外表除了撒彩糖之外，還有許多選擇，如：
　花生粉、開心果仁屑、杏仁角，各種口味巧
　克力顆粒。

英式水果鬆餅（司康餅）

份量＞約**10**個

＊ 材料

A 低筋麵粉250公克　泡打粉25公克　糖粉30公克
　　鹽少許　奶油60公克　鮮奶10公克　蛋黃50公克
　　碎櫻桃80公克　葡萄乾80公克
B **抹面**：蛋黃2個　全蛋1個

＊ 做法

1 低筋麵粉、泡打粉、糖粉、鹽在桌上篩勻，加入
奶油1小塊用手捏碎。

2 將鮮奶、蛋黃、碎櫻桃、葡萄乾，加入做法1。

3 將做法2所有材料用手按壓成糰，放入冷藏室鬆
弛30分鐘。

4 將麵糰以二折式摺疊3次，再擀平約2公分厚度，
用圓模壓出形狀，刷上抹面料。

5 以上火180℃、下火165℃，烤20分鐘。

Tips ＊

＊ 鬆餅分成幾種：司康（Scons）、馬芬
（Muffin）、起酥鬆餅及鬆餅粉調製的鬆
餅。

＊ 奶油不可以解凍，直接切成小塊。

＊ 製作鬆餅的麵糰不可以用手搓揉的方式操
作，必須用手壓折方式讓它成糰。

＊ 用圓模壓出形狀之後，尚須鬆弛約10分鐘
左右。

杏仁海苔瓦片

份量 > 約 **20** 個

✱ 材料

全蛋1個　蛋白80公克　鹽3公克　細砂糖100公克
低筋麵粉50公克　奶油40公克　杏仁片200公克
海苔粉10公克

✱ 做法

1 將全蛋、蛋白、鹽、細砂糖先攪拌均勻,至細砂糖完全溶化。

2 加入篩過的低筋麵粉,用手拌勻。

3 先加入融化奶油拌勻,再加入杏仁片輕輕拌勻。

4 在烤盤上鋪蒸烤紙,將材料在模型中攤成約直徑6公分的薄片(圖a)。

5 薄片灑上海苔粉(圖b)。

6 以上火150℃、下火140℃,烤12分鐘,至餅乾周邊呈金黃色即可取出。

7 等餅乾完全冷卻後立即裝入密封罐中,以避免受潮影響口感。

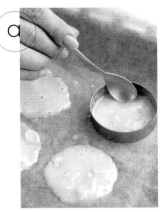

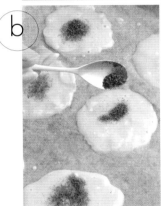

Tips

✱ 加入杏仁片之後,避免用力攪拌使杏仁片破損。

✱ 若是使用黑色不沾烤盤,則不必再鋪蒸烤紙或布。

✱ 烘烤時材料一定要攤平,大小也要一致。

✱ 趁熱時取出薄片會較容易。

Pie Pie Pie Pie Pie Pie Pie Pie Pie Pie Pie Pie Pie Pie Pie Pie Pie Pie Pie Pie Pie Pie Pie Pie P
Pie Pie Pie Pie Pie Pie Pie Pie Pie Pie Pie Pie Pie Pie Pie Pie Pie Pie Pie Pie Pie Pie Pie Pi
ie Pie Pie Pie Pie Pie Pie Pie Pie Pie Pie Pie Pie Pie Pie Pie Pie Pie Pie Pie Pie Pie Pie Pie Pi
Pie Pie Pie Pie Pie Pie Pie Pie Pie Pie Pie Pie Pie Pie Pie Pie Pie Pie Pie Pie Pie Pie Pie Pie P
Pie Pie Pie Pie Pie Pie Pie Pie Pie Pie Pie Pie Pie Pie Pie Pie Pie Pie Pie Pie Pie Pie Pie Pie P
Pie Pie Pie Pie Pie Pie Pie Pie Pie Pie Pie Pie Pie Pie Pie Pie Pie Pie Pie Pie Pie Pie Pie Pie Pi
Pie Pie Pie Pie Pie Pie Pie Pie Pie Pie Pie Pie Pie Pie Pie Pie Pie Pie Pie Pie Pie Pie Pie Pie P
ie Pie Pie Pie Pie Pie Pie Pie Pie Pie Pie Pie Pie Pie Pie Pie Pie Pie Pie Pie Pie Pie Pie Pie Pi
Pie Pie Pie Pie Pie Pie Pie Pie Pie Pie Pie Pie Pie Pie Pie Pie Pie Pie Pie Pie Pie Pie Pie Pie P
ie Pie Pie Pie Pie Pie Pie Pie Pie Pie Pie Pie Pie Pie Pie Pie Pie Pie Pie Pie Pie Pie Pie Pie Pi
Pie Pie Pie Pie Pie Pie Pie Pie Pie Pie Pie Pie Pie Pie Pie Pie Pie Pie Pie Pie Pie Pie Pie Pie P
ie Pie Pie Pie Pie Pie Pie Pie Pie Pie Pie Pie Pie Pie Pie Pie Pie Pie Pie Pie Pie Pie Pie Pie Pi
Pie Pie Pie Pie Pie Pie Pie Pie Pie Pie Pie Pie Pie Pie Pie Pie Pie Pie Pie Pie Pie Pie Pie Pie P
ie Pie Pie Pie Pie Pie Pie Pie Pie Pie Pie Pie Pie Pie Pie Pie Pie Pie Pie Pie Pie Pie Pie Pie Pi
Pie Pie Pie Pie Pie Pie Pie Pie Pie Pie Pie Pie Pie Pie Pie Pie Pie Pie Pie Pie Pie Pie Pie Pi
Pie Pie Pie Pie Pie Pie Pie Pie Pie Pie Pie Pie Pie Pie Pie Pie Pie Pie Pie Pie Pie Pie Pie Pie P
Pie Pie Pie Pie Pie Pie Pie Pie Pie Pie Pie Pie Pie Pie Pie Pie Pie Pie Pie Pie Pie Pie Pie Pie Pi
ie Pie Pie Pie Pie Pie Pie Pie Pie Pie Pie Pie Pie Pie Pie Pie Pie Pie Pie Pie Pie Pie Pie Pi
Pie Pie Pie Pie Pie Pie Pie Pie Pie Pie Pie Pie Pie Pie Pie Pie Pie Pie Pie Pie Pie Pie Pie Pie P
ie Pie Pie Pie Pie Pie Pie Pie Pie Pie Pie Pie Pie Pie Pie Pie Pie Pie Pie Pie Pie Pie Pie Pi
Pie Pie Pie Pie Pie Pie Pie Pie Pie Pie Pie Pie Pie Pie Pie Pie Pie Pie Pie Pie Pie Pie Pie Pi
ie Pie Pie Pie Pie Pie Pie Pie Pie Pie Pie Pie Pie Pie Pie Pie Pie Pie Pie Pie Pie Pie Pie Pi

Part 2

派

◎水果鳳梨派◎起酥梨子派◎起司水果甜點◎蘋果杏仁派
◎草莓起司派◎歐香甘藷派◎鹹雞肉派

親子廚房Menu

Pie Pie Pie Pie Pie Pie Pie Pie Pie Pie Pie Pie Pie Pie Pie Pie Pie Pie Pie Pie Pie Pie Pie Pie P
ie Pie Pie Pie Pie Pie Pie Pie Pie Pie Pie Pie Pie Pie Pie Pie Pie Pie Pie Pie Pie Pie Pie Pi
e Pie Pie Pie Pie Pie Pie Pie Pie Pie Pie Pie Pie Pie Pie Pie Pie Pie Pie Pie Pie Pie Pie Pi
e Pie Pie Pie Pie Pie Pie Pie Pie Pie Pie Pie Pie Pie Pie Pie Pie Pie Pie Pie Pie Pie Pie Pi
Pie Pie Pie Pie Pie Pie Pie Pie Pie Pie Pie Pie Pie Pie Pie Pie Pie Pie Pie Pie Pie Pie Pi
e Pie Pie Pie Pie Pie Pie Pie Pie Pie Pie Pie Pie Pie Pie Pie Pie Pie Pie Pie Pie Pie Pie Pi
Pie Pie Pie Pie Pie Pie Pie Pie Pie Pie Pie Pie Pie Pie Pie Pie Pie Pie Pie Pie Pie Pie Pi
e Pie Pie Pie Pie Pie Pie Pie Pie Pie Pie Pie Pie Pie Pie Pie Pie Pie Pie Pie Pie Pie Pie Pi
Pie Pie Pie Pie Pie Pie Pie Pie Pie Pie Pie Pie Pie Pie Pie Pie Pie Pie Pie Pie Pie Pie Pi
e Pie Pie Pie Pie Pie Pie Pie Pie Pie Pie Pie Pie Pie Pie Pie Pie Pie Pie Pie Pie Pie Pie Pi
Pie Pie Pie Pie Pie Pie Pie Pie Pie Pie Pie Pie Pie Pie Pie Pie Pie Pie Pie Pie Pie Pie Pie P
Pie Pie Pie Pie Pie Pie Pie Pie Pie Pie Pie Pie Pie Pie Pie Pie Pie Pie Pie Pie Pie Pie Pi
e Pie Pie Pie Pie Pie Pie Pie Pie Pie Pie Pie Pie Pie Pie Pie Pie Pie Pie Pie Pie Pie Pie Pi
Pie Pie Pie Pie Pie Pie Pie Pie Pie Pie Pie Pie Pie Pie Pie Pie Pie Pie Pie Pie Pie Pie Pie P
e Pie Pie Pie Pie Pie Pie Pie Pie Pie Pie Pie Pie Pie Pie Pie Pie Pie Pie Pie Pie Pie Pie Pie P
e Pie Pie Pie Pie Pie Pie Pie Pie Pie Pie Pie Pie Pie Pie Pie Pie Pie Pie Pie Pie Pie Pie Pie P
Pie Pie Pie Pie Pie Pie Pie Pie Pie Pie Pie Pie Pie Pie Pie Pie Pie Pie Pie Pie Pie Pie Pie P

水果鳳梨派

份量＞8吋**1**個

＊材料

A 派皮：低筋麵粉250公克　奶油125公克
　　　 白油50公克　糖粉5公克　鹽5公克　冰水60公克
B 內餡：全蛋3個　鮮奶油48公克　細砂糖28公克
　　　 奶水40公克　酸奶22公克　香草精少量
C 鳳梨片8片　櫻桃10個

＊做法

1 派皮：將低筋麵粉篩在桌面上，做成麵粉牆，其
　 餘材料放在中間。

2 一手拿軟刮板，將做法1的麵粉牆由外往內撥，
　 再用另一手將所有材料壓合，重複動作壓到黏合
　 成糰後，冷藏30分鐘。

3 麵糰擀成0.7公分厚的派皮，裝入模型中，旁邊
　 用叉子押花，底部戳洞備用。

4 內餡：全蛋、鮮奶油、細砂糖、奶水、酸奶、香
　 草精混合在一起，用直型拌打器拌勻。

5 鳳梨切成小塊，櫻桃切成小塊，鋪在派皮上，再
　 淋上做法4的內餡。

6 以上火150℃、下火150℃，烤20分鐘，之後再
　 以上火180℃、下火180℃，烤10分鐘即可。

Tips

＊ 派皮要放入冰箱冷藏前，得先以保鮮膜包
　 好（派皮先拍扁較容易冰透）。

＊ 鳳梨片可選用糖漬鳳梨片罐頭。

＊ 水果鳳梨派冷卻後先放入冰箱，待冰透會
　 比較好切。

起酥梨子派

份量 > **4**個

＊ 材料

起酥片8片　洋梨2個　紅酒20cc　二砂糖50公克
蛋黃2個

＊ 做法

1 兩片方形的起酥片重疊，修成圓形（圖a），將上
　面一片中間挖空。

2 洋梨去皮切對半，在洋梨背上劃直線刀痕，加入
　紅酒與二砂糖同煮10分鐘（圖b）。

3 將紅酒洋梨放在起酥片的中空圓圈中。

4 在起酥片的四周刷上蛋黃。

5 以上火230℃、下火200℃，烤15分鐘，熄火，
　再燜至顏色金黃。

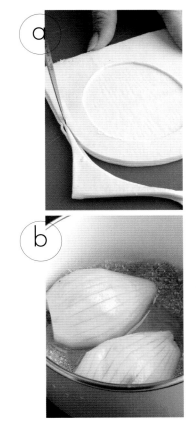

Tips

＊ 起酥片請勿事先解凍，否則拿起時會拉扯
　變形。

＊ 洋梨可以用洋梨罐頭替代。

＊ 將起酥片重疊之前，中間可以刷一層水較
　易黏住。

起司水果甜點

起司水果甜點

份量 > 8吋**1**個

＊ 材料

A 派皮：低筋麵粉250公克　奶油125公克
白油50公克　糖粉5公克　鹽5公克　冰水60公克

B 乳酪糊：鮮奶油60公克　卡夫乳酪125公克
細砂糖56公克　白蘭地酒10cc

C 水果任選

＊ 做法

1 派皮：低筋麵粉篩在桌面上，做成麵粉牆，其餘
材料放在中間。

2 一手拿軟刮板，將做法1的麵粉牆由外往內撥，
再用另一手將所有材料壓合，重複此動作壓到黏
合成糰後，冷藏30分鐘。

3 將麵糰擀成0.7公分厚度的派皮，裝入模型中，
旁邊用叉子押花，底部戳洞備用。

4 以上火180℃、下火180℃，烤12分鐘。

5 乳酪糊：鮮奶油打至八分發。

6 卡夫乳酪加細砂糖打散，加入白蘭地酒，再加入
做法5之鮮奶油拌勻。

7 將做法6的乳酪糊擠在派皮上，冷藏3小時。

8 將水果鋪上。

Tips

＊ 派皮要放入冰箱冷藏前，以保鮮膜包好
（先將派皮拍扁較容易冰透）。

＊ 這道點心最好是在派皮烤好後，先切成6
～8塊，才將乳酪糊倒入冷藏。

＊ 切好後再將水果裝飾上，客人也可以選擇
喜歡的水果自行DIY。

蘋果杏仁派

份量 > 8吋**1**個

＊ 材料

A 餡糊：蘋果1/2個　杏仁粒50公克　奶油52公克
　　細砂糖62公克　全蛋60公克　杏仁精數滴
　　杏仁粉50公克　低筋麵粉14公克　藍姆酒5cc
B 派皮：奶油112公克　細砂糖64公克
　　中筋麵粉180公克　冰水75公克

＊ 做法

1 餡糊：蘋果切粗塊，擠入1/2粒檸檬汁拌勻。

2 杏仁粒切成粗粒。

3 派皮：奶油切成小塊與細砂糖及麵粉拌勻，加入冰水，用手壓成糰。

4 將麵糰用保鮮膜包好，冷藏約30分鐘。

5 麵糰取出，擀成0.4公分厚度派皮，再壓入模型中。

6 餡糊中的奶油加細砂糖，攪打至顏色成為白色，加入蛋、杏仁精、杏仁粉及低筋麵粉、藍姆酒混合均勻，倒在派皮上。

7 以不規則方式排列做法1的蘋果及做法2的杏仁粒，可以撒下一些肉桂粉。

8 以上火180℃、下火180℃，烤20分鐘。

Tips

＊ 本成品是以原風貌呈現，因為蘋果經過烘焙，顏色會變比較深沉。

＊ 蘋果可以用鹽替代檸檬汁，為了防止氧化變色。

＊ 如果所使用的杏仁粉含糖量較高，則配方中的糖要酌量減少。

草莓起司派

份量＞8吋**1**個

✳ 材料

A 派底：巧克力餅乾3/4杯　融化奶油1/4杯
　　細砂糖3湯匙

B 餡糊：卡夫乳酪250公克　細砂糖60公克
　　全蛋2個　香草精少量　草莓精1茶匙
　　新鮮草莓數顆　草莓粉1湯匙

✳ 做法

1 派底：巧克力餅乾用桿麵棍敲碎（圖a），加入已
　融化的奶油及細砂糖，壓入模型中，冰約1小
　時。

2 餡糊：卡夫乳酪加細砂糖一起打散，再分次加入
　全蛋香草精、草莓精，拌成乳酪糊。

3 新鮮草莓切成小塊，沾少量的乾麵粉再加入乳酪
　糊中。

4 取做法3的乳酪糊約1/5杯，加入草莓粉拌勻。

5 將剩餘的4/5杯乳酪糊裝入已鋪派底的模型中。
　再將做法4的乳酪糊也倒入。

6 用湯匙將派底中之乳酪糊，沿圓邊邊畫圓圈（圖
　b），成大理石紋路。

7 放入烤箱中以上火150℃、下火160℃，烤約50
　分鐘。冷藏後切塊食用。

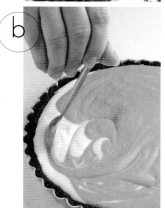

Tips ✳

✳ 派底的巧克力餅乾不要買有夾心的，也不
要買太硬的，以免用擀麵棍敲碎時不容易
操作。

✳ 派底要壓緊，四周的邊緣形狀也要壓緊，
免得脫模時會掉屑。

✳ 加草莓粉的乳酪糊份量不要太多，做出來
才有層次感。若是喜歡吃較重的草莓乳酪
口味，則可以調整紅、白的比例。

✳ 這是類似紐約起士的甜點，口感非常紮
實，不像一般的乳酪蛋糕柔軟。

歐香甘藷派

份量 > **30**個

＊ 材料

A 甘藷餡：甘藷400公克　細砂糖130公克　鹽4公克
　　蛋黃40公克　香草精少量　無鹽奶油32公克
B 奇福餅乾30片

＊ 做法

1 甘藷餡：甘藷蒸熟或煮熟，去皮壓成泥，加入細
　砂糖、鹽、蛋黃、香草精及無鹽奶油拌勻，再以
　小火煮稍微滾即可。

2 將甘藷餡裝入擠花袋中，擠在奇福餅乾上。

Tips ＊

＊ 甘藷有黃色及紅色兩種，黃色較適宜，紅
　色太軟不易操作。

＊ 亦可用派皮為底，做成小塔狀，但為了讀
　者容易操作，使用奇福餅乾，同時味道更
　佳。

鹹雞肉派

份量＞4吋模**5**個

✳ 材料

A 派皮：低筋麵粉250公克　奶油125公克
白油50公克　糖粉5公克　鹽5公克　冰水60公克

B 內餡：雞肉300公克　鹽5公克　胡椒粉適量
豬油20公克　洋蔥1/2個　洋菇50公克
麵粉35公克　鮮奶250公克　蒜屑1湯匙

✳ 做法

1 派皮：低筋麵粉篩在桌面上，做成麵粉牆，其餘
材料放在中間。

2 一手拿軟刮板，由外往內撥，再用另一手將所有
材料壓合，重複此動作壓到黏合成糰之後，冷藏
30分鐘。

3 將派皮擀成1公分厚度，裝入模型中（圖a）。

4 內餡：雞肉切成長條，用鹽、胡椒先醃15分鐘
後，用油炒熟。

5 用鍋炒豬油及洋蔥、洋菇、麵粉至香味出來，再
加入鮮奶、做法4的雞肉、蒜屑。

6 將所有內餡裝入派皮中，以上火190℃、下火
190℃烤20分鐘。

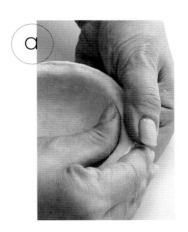

Tips ✳

✳ 這道菜的派皮要比較厚。

✳ 做派皮時，為了使口感更好，麵粉與油脂
都要冰過。

✳ 內餡中炒的麵粉筋度不拘。

Cake Cake Cake Cake Cake Cake Cake Cake Cake Cake Cake Cake Cake Cake Cake Cake Cake Cake Ca

Cake

Part 3
蛋糕

親子廚房Menu

◎黑啤酒乳酪蛋糕◎新月蛋糕◎加拿喜巧克力圓形蛋糕◎黑糖蒸糕
◎低脂天使蛋糕◎抹茶紅豆蛋糕◎香橙瑞士捲◎塔蓓塔拉(水果蛋糕)

黑啤酒乳酪蛋糕

份量 > 家庭式烤箱模 **1** 盤

✽ 材料

A **派底**：巧克力餅乾3/4杯　融化奶油1/4杯
細砂糖3湯匙

B **酥粒**：奶油100公克　糖粉100公克
低筋麵粉180公克

C 乳酪250公克　全蛋2個　玉米粉15公克
黑啤酒40公克　動物鮮奶油25公克
苦甜巧克力25公克　細砂糖60公克

✽ 做法

1. 派底：巧克力餅乾用擀麵棍敲碎，加入融化奶油及細砂糖，壓入模型中冰60分鐘。
2. 酥粒：奶油、糖粉打發，加入低筋麵粉後，再搓成細粒。
3. 乳酪用攪拌機打軟，加入蛋黃同打。
4. 再加入玉米粉、黑啤酒、動物鮮奶油，以及已隔水融化的苦甜巧克力拌勻。
5. 蛋白加細砂糖打至濕性發泡，與做法4的材料混合倒在容器中。
6. 在上方撒下酥粒，以上火200℃、下火120℃，烤20分鐘。

Tips

✽ 可以用喝剩的啤酒來製作。

✽ 因為啤酒的量不多，小孩淺嚐無妨。

✽ 派底的巧克力餅乾不要買有夾心的，也不要買太硬的，以免用擀麵棍敲碎時不容易操作。

新月蛋糕

份量 > 約**10**個

✳ 材料

A 奶油55公克　鮮奶70公克　鹽少量
B 蛋黃100公克　低筋麵粉70公克
C 糖粉90公克　蛋白200公克
D 鮮奶油250公克　水果適量

✳ 做法

1 將材料A混合煮至55℃左右。
2 加入材料B的蛋黃及已篩過的低筋麵粉，拌勻。
3 材料C的糖粉及蛋白打至乾性發泡，與做法2的麵糊拌勻。
4 麵糊裝入擠花袋中，在烤盤上擠成蝸牛狀（圖a），以上火200℃、下火130℃，烤約8分鐘。
5 將材料D的鮮奶油打發，擠在餅皮中間（圖b）再折成半圓形，兩端飾以水果即可。

Tips ✳

✳ 這道菜不宜以低溫長時間烘烤，雖然顏色不變，但組織已不再柔軟，裝飾整形時容易斷裂。
✳ 鮮奶油打發後，先放置冰箱等稍硬後取用，裝飾時會較持久。
✳ 蛋白打至乾性發泡比較不易消泡，擠蝸牛狀時，形狀會較漂亮。

加拿喜巧克力圓形蛋糕

份量＞約 **20** 個

✱ 材料

低筋麵粉50公克　泡打粉2公克
苦甜巧克力140公克　可可粉20公克　奶油80公克
蛋180公克　細砂糖60公克　動物性鮮奶油50公克
水滴形巧克力40公克　蛋糕杯　防潮糖粉少量

✱ 做法

1　低筋麵粉與泡打粉篩勻，備用。

2　苦甜巧克力切碎，隔水加熱至融化，再加入可可粉。

3　奶油分次加入蛋黃拌勻。加入做法2的巧克力拌勻，再加入做法1的低筋麵粉、泡打粉。

4　將蛋白及細砂糖打成乾性發泡，分三次與做法3的材料拌勻。

5　加入動物性鮮奶油拌勻，再加入水滴形巧克力，即可倒入蛋糕杯中。

6　將蛋糕杯中的材料，以上火180℃、下火180℃烤至熟，約25分鐘。

7　撒上防潮糖粉。

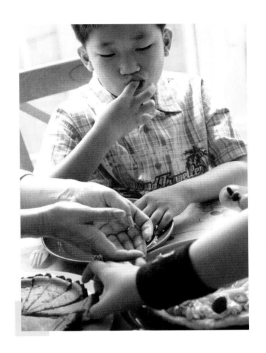

Tips

✱ 這是比較紮實的口感的蛋糕。

✱ 本產品的巧克力量很多，所以不再添加小蘇打粉，以免蛋糕顏色會太黑。

黑糖蒸糕

份量 > **6**個

✳ 材料

低筋麵粉65公克　蓬萊米粉65公克　黑糖130公克
泡打粉6公克　水180公克

✳ 做法

1 低筋粉篩過；將所有材料放入容器中拌勻。

2 將做法1的材料隔水加熱至濃稠狀後，倒入模型
中並灑上白芝麻。

3 大火蒸20分鐘即可。

Tips ✳

✳ 如果未隔水加熱，做出來會水、粉分離。

✳ 模型中先放蛋糕模紙。

✳ 麵糊要放置20分鐘後再蒸，如此一來蒸出
的黑糖糕表面會呈現裂紋，才是正確的。

✳ 若製作的黑糖糕較大，則蒸30分鐘。

✳ 蓬萊米粉可換成在來米粉，口感會較硬；
換成太白粉或地瓜粉，則口感比較黏牙、
較Q。

低脂天使蛋糕

份量 > 小空心模 **3** 個

✳ 材料

檸檬汁20公克　檸檬皮1個　沙拉油70公克
水30公克　鹽少量　低筋麵粉90公克　玉米粉25公克
泡打粉少量　香草粉少量　蛋白200公克
細砂糖90公克　天然麥片100公克

✳ 做法

1　檸檬汁、檸檬皮、沙拉油、水、鹽拌勻，再加入篩勻的低筋麵粉、玉米粉、泡打粉，倒入前項材料一起攪拌。

2　蛋白與細砂糖打發至乾性發泡，與做法1的材料混合。

3　倒入模型中，以上火180℃、下火160℃，烤15分鐘後取出，倒扣待涼。

4　用天然麥片及水果裝飾。

Tips ✳

✳ 模型不可抹油，否則蛋白會消泡。

✳ 脫模時先用手將蛋糕輕輕剝離模型，反扣時用力摔即可扣出。

抹茶紅豆蛋糕

份量 > 家庭式烤箱模 1 盤

＊ 材料

全蛋500公克　細砂糖240公克　沙拉油70公克
無糖豆漿70公克　抹茶粉20公克　低筋麵粉140公克
泡打粉3公克　鹽2公克　鮮奶油250公克
蜜紅豆粒適量

＊ 做法

1 蛋黃、1/3量的細砂糖拌勻。

2 再加入沙拉油、無糖豆漿、抹茶粉、低筋麵粉、泡打粉、鹽拌勻，成蛋黃糊。

3 蛋白，加入2/3量的細砂糖打至濕性發泡，成蛋白糊。

4 蛋黃糊、蛋白糊分三次混合拌勻，成麵糊狀。

5 烤盤鋪紙，將麵糊倒入，並抹平，以上火160℃、下火160℃，烤15分鐘。

6 將蛋糕取出翻面，撕去烤盤鋪的紙，切成四片相同大小的蛋糕體。

7 抹上鮮奶油，中間夾蜜紅豆重疊。

Tips ＊

＊ 抹茶與紅豆是最搭的絕配。

＊ 用一般的抹茶粉烤出來並不會很綠，不需為了顏色而添加色素，自然即可。

＊ 在戚風蛋糕的配方中，大都以1/3量細砂糖加入蛋黃中，2/3量細砂糖加入在蛋白中。

＊ 蛋黃一定要在蛋白之前打好，因為蛋白放置後容易消泡，影響蛋糕體積與口感。

＊ 本配方將豆漿加入配方中，若是無法取得無糖豆漿，總糖量要酌量降低。

＊ 這是高蛋量的戚風蛋糕配方，不加泡打粉亦可。

香橙瑞士捲

份量 > 家庭式烤箱模 **1** 盤

✱ 材料

全蛋250公克　細砂糖120公克　沙拉油38公克
無糖豆漿38公克　低筋麵粉100公克　鹽1公克
香橙干邑酒20公克　檸檬汁15公克　桔子醬適量
桔子罐頭1罐

✱ 做法

1 蛋黃、1/3量細砂糖拌勻，加入沙拉油、無糖豆
漿、低筋麵粉與鹽，拌勻，成蛋黃糊。

2 蛋白加入2/3量細砂糖打至濕性發泡，成蛋白糊
（圖a）。

3 蛋黃糊與蛋白糊分三次混合拌勻，並加入香橙干
邑酒、檸檬汁。

4 烤盤鋪紙，將麵糊倒入，並抹平。以上火160
℃、下火160℃，烤15分鐘。

5 將蛋糕取出翻面，撕去烤盤鋪紙，再翻面，抹上
桔子醬，捲起。

6 蛋糕上面裝飾桔子片（圖b）。

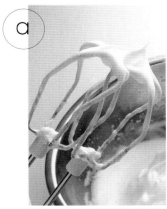

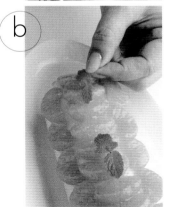

Tips ✱

✱ 在戚風蛋糕的配方中，大都以1/3量細砂
糖加入蛋黃中，2/3量細砂糖加入蛋白
中。

✱ 蛋黃一定要在蛋白之前打好，因為蛋白放
置後容易消泡，影響蛋糕體積與口感。

✱ 本配方將豆漿加入配方中，若是無法取得
無糖豆漿，總糖量要酌量降低。

✱ 這是高蛋量的戚風蛋糕配方，不加泡打粉
亦可。

✱ 捲起之前可先在蛋糕內側劃兩刀，捲起時
會較緊密。

塔蓓塔拉（水果蛋糕）

份量＞小水果條模**3**條

＊材料

核桃50公克 奶油125公克 細砂糖50公克
二砂糖75公克 楓葉糖漿30公克 蛋125公克 低筋
麵粉220公克 肉桂粉2公克 丁香2公克
乾椒粉2公克 水果乾125公克 葡萄乾105公克
杏仁粒50公克 白蘭地酒20cc 水果軟糖隨意
鏡面果膠150公克

＊做法

1 核桃以上火180℃、下火180℃，烤5分鐘之後，
　再切碎。

2 奶油打碎加入細砂糖與二砂糖打勻，加入楓葉糖
　漿、蛋（1/3）、低筋麵粉（1/3），分次反覆加
　入並拌勻。

3 加入肉桂粉、丁香、乾椒粉、水果乾、葡萄乾、
　烤過切碎的核桃、杏仁粒、白蘭地酒拌勻。

4 麵糊倒入模型中，以上火180℃、下火180℃，
　烤30分鐘。

5 蛋糕上鋪水果軟糖，並抹上鏡面果膠。

Tips

＊ 這是另類的磅蛋糕。

＊ 若是不喜歡香料的味道，可以酌量減少。

＊ 麵粉加入後就不要用力攪拌，以免出麵
　筋。

＊ 可以將水果與乾果的份量增加，別有一番
　風味。

Mousse

& Jelly

Part 4

慕斯及果凍

親子廚房Menu

◎巧克力香橙慕斯◎芒果慕斯◎夏之戀布丁
◎檸檬紅茶凍◎草莓奶酪

巧克力香橙慕斯

份量 > 約 **5** 個

＊ 材料

甜巧克力225公克　香橙酒10cc　即溶咖啡粉10公克
奶油15公克　蛋黃50公克　蛋白108公克
動物鮮奶油少量　柳橙皮少量
薄荷葉（裝飾用）適量

＊ 做法

1 將甜巧克力、香橙酒、即溶咖啡粉、隔水加熱的
融化奶油，加入蛋黃。

2 蛋白打發至濕性發泡初期，再與做法1的材料相
混合。

3 將做法2的材料裝入杯中冷藏之，以動物鮮奶
油、柳橙皮、薄荷葉裝飾。

Tips

＊ 蛋白不必打得太硬，如果不好打則加少量
的糖即可。

＊ 因為甜巧克力已經夠甜了，所以不用再添
加糖。

＊ 這種點心不容易失敗，又可口。

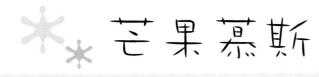

芒果慕斯

份量 > 約**5**個

＊ 材料

A 幕斯：吉利丁片8公克（3片）
芒果果泥125公克　冰水50公克
植物鮮奶油125公克

B 淋面：芒果果泥40公克　杏桃果膠125公克

C 新鮮芒果1個　葡萄數個

＊ 做法

1 慕斯：吉利丁片用冰水泡軟。

2 芒果果泥隔水煮到75℃，加入吉利丁片及冰水，拌至吉利丁融化。

3 冷卻後，加入植物鮮奶油拌勻。

4 將做法3之材料放入擠花袋中，再擠入杯中冷藏2小時。

5 淋面：芒果果泥與杏桃果膠煮融化，淋在慕斯上方。

6 芒果用挖球器挖成圓形裝飾之，最後再放上葡萄擺飾。

Tips

＊ 若無法買到芒果冷凍果泥的話，用新鮮的芒果，以調理機打成粗顆粒即可。

＊ 加入鮮奶油時溫度勿太高，免得分離。

＊ 本產品的糖份可自行斟酌，因為植物性鮮奶油有甜味，所以配方中未列入糖份。

夏之戀布丁

份量 > 約**5**個

✻ 材料

吉利丁片10片　紅桑椹果泥250公克　開水350公克
細砂糖125公克　麥芽糖125公克
波爾多紅酒50公克　新鮮水果隨意

✻ 做法

1 吉利丁用冰水浸泡，冰水量不拘。

2 紅桑椹果泥、開水、細砂糖、麥芽糖煮開加入吉
利丁（瀝乾冰水）拌勻。

3 等做法2材料冷卻後，加入紅酒拌勻，放入模型
中冷藏。

4 取出脫模，再裝飾鮮奶油及水果。

Tips ✻

✻ 這是以無糖紅酒做出的果凍式布丁，可用
家中喝剩的紅酒來製作。

✻ 若無法買到紅桑椹冷凍果泥，用新鮮的紅
桑椹，以調理機打成粗顆粒即可。

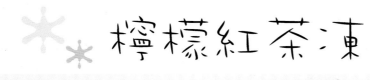

檸檬紅茶凍

份量 > 約**5**個

✳ 材料

水500cc　檸檬紅茶粉30公克　吉利丁片15公克　奶
油球10個

✳ 做法

1 水煮開加入檸檬紅茶粉攪拌均勻。

2 吉利丁用冰水浸泡至軟。

3 將吉利丁放入做法1的檸檬紅茶中拌融，再倒入
　模型中冷卻。

4 食用時加入奶油球，風味更佳。

Tips ✳

✳ 檸檬紅茶是小孩問卷中第一名的飲料。

✳ 泡吉利丁片的冰水量不拘，以能浸泡到為
　原則。

草莓奶酪

份量 > 約**5**個

＊ 材料

吉利丁片8片　鮮奶200公克　動物性鮮奶油50cc
細砂糖20公克　草莓精5公克　新鮮草莓適量

＊ 做法

1 吉利丁片以冰水泡軟。

2 鮮奶與動物性鮮奶油加熱後，再與細砂糖拌至溶
解，約80℃即可。

3 加入泡軟的吉利丁片拌融化，加入草莓精。

4 將做法3的材料倒入容器中冷卻，再裝飾新鮮草
莓即可。

Tips ＊

＊ 泡吉利丁片的冰水量不拘，以能浸泡到為
原則。

＊ 鮮奶與鮮奶油加熱，不宜攪拌，否則四周
容易焦化。

＊ 一般奶酪的口感要比較軟，所以不宜脫
模。

Part 5

麵包

蔓越莓麵包

份量 > **2**條

＊ 材料

A 麥片104公克　熱開水232公克

B 中筋麵粉238公克　泡打粉5公克　小蘇打粉5公克

C 奶油105公克　二砂糖224公克　全蛋3個
香草精少量　柳橙精少量　蔓越莓88公克

＊ 做法

1 麥片用熱開水浸泡備用。

2 中筋麵粉、泡打粉、小蘇打粉篩勻備用。

3 奶油與二砂糖加全蛋打散，加入做法1的麥片與
做法2的乾粉，用直型拌打器同打均勻後，再加
入香草精、柳橙精，拌打成麵糊。

4 蔓越莓加入麵糊中，放入長型模，以上火175
℃、下火175℃，烤40分鐘。

Tips

＊ 在國外稱之為簡易麵包，製作方法簡單，
不易失敗。

＊ 加入麥片時溫度還是熱的也沒關係。

＊ 此產品冷熱都好吃。

滷蛋手捲

份量 > **10** 捲

✳ 材料

A 蛋5個　細砂糖100公克　鹽10公克

B 豬排：綜合香料1湯匙　細砂糖2湯匙
　　蒜泥1湯匙　香油1茶匙　里肌肉10片

C 吐司片10片　千島沙拉醬1小包　海苔片10片
　　生菜10小片　聖女番茄10個

✳ 做法

1 冷水中放入蛋，再開火煮15分鐘之後，泡冷水去殼。

2 以不鏽鋼鍋乾炒細砂糖，至咖啡色加入水，將細砂糖煮溶解（圖a）。

3 去殼蛋放入做法2的糖水，加鹽煮5分鐘（圖b），再燜30分鐘，之後取出切對半。

4 豬排：將香料、細砂糖、蒜泥、香油拌勻，再醃里肌肉，用油煎熟，再切成長條。

5 吐司略烤黃，抹上一層千島沙拉醬，中間放海苔片、滷蛋、豬肉片、生菜，及番茄，捲起用牙籤別住。

Tips ✳

✳ 吐司不要買太厚的，才容易捲起。

✳ 吐司不要烤太過度，否則捲起會龜裂。

✳ 炒糖黑時，不可以使用鐵鍋，亦不可加油同炒。

✳ 因為滷蛋與豬排都是較乾的食材，所以吐司抹千島醬可增加口感滑潤，

✳ 此道菜是小吃，為了顧及許多對西點缺乏興趣的讀者，家中沒有準備磅秤，而是以杯、匙來表示，以利操作。

鹹酥雞捲

份量 > **10**條

＊ 材料

A 鹽酥雞：雞胸肉1斤　綜合香料1湯匙
細砂糖2湯匙　紅糖1/8茶匙　蒜泥1湯匙　蛋2個
太白粉1茶匙　油炸用地瓜粉、胡椒鹽適量
B 醃小黃瓜：小黃瓜3條　鹽1/2茶匙
細砂糖2湯匙
C 吐司片10片　烤肉醬適量　海苔片10片

＊ 做法

1 鹽酥雞：雞肉切1.5公分小塊用綜合香料、細砂
糖、紅糖、蒜泥醃至少8小時，加蛋與太白粉拌
勻（圖a）。

2 雞肉沾乾地瓜粉（圖b）油炸兩次，撒上胡椒鹽
備用。

3 醃小黃瓜：小黃瓜切斜片，用鹽醃10分鐘，再加
入細砂糖醃15分鐘。

4 吐司略烤黃，抹上一層烤肉醬，中間放鹹酥雞與
醃過的小黃瓜捲起，外層包捲海苔片用牙籤別
住。

a

b

Tips

＊ 此道菜是小吃，為了顧及許多對西點缺乏
興趣的讀者，家中沒有準備磅秤，所以是
以杯、匙來表示，以利操作。

＊ 鹹酥雞的地瓜粉，要選較粗的顆粒狀。

＊ 鹹酥雞炸好，附上胡椒鹽也可以當作一道
菜食用。

黑糖甘藷麵包

份量 > 約 **12** 個

✳ 材料

A 麵包體：高筋麵粉125公克　鹽2公克
　　鮮奶50公克　酵母2公克　全蛋30公克
　　細砂糖75公克　無鹽奶油15公克
B 甘藷餡：甘藷400公克　細砂糖130公克　鹽4公克
　　蛋黃40公克　香草精少量　無鹽奶油32公克
C 黑糖適量

✳ 做法

1 麵包體：將高筋麵粉、鹽、鮮奶、酵母、全蛋、
　細紗糖混和加入拌勻，再加入無鹽奶油揉至光
　滑，靜置發酵50分鐘。

2 甘藷蒸熟或煮熟，去皮再壓成泥，加入細砂糖、
　鹽、蛋黃、香草精及無鹽奶油拌勻，再以小火煮
　稍微滾即可。

3 將做法1的麵糰分成2份，擀成扁平狀。

4 在擀平的麵糰上抹一層甘藷餡，捲起（圖a），搓
　成細長條後，切成2公分厚度，發酵50分鐘。

5 以上火190℃、下火190℃，烤至上色後（約8分
　鐘），熄火再燜熟。

6 取出甘藷麵包，在上面灑上黑糖粉（圖b）。

Tips ✳

✳ 甘藷在近期成了寵兒，黑糖甘藷麵包更是
　受到青睞。

✳ 家中沒有發酵箱，可用鋼盆覆蓋住，避免
　吹風。

✳ 自己做麵包並未加改良劑，且用直接法，
　所以不像麵包店製作的柔軟。

海德堡麵包酥

份量＞約 **10** 個

✳ 材料

A 麵包體：高筋麵粉125公克　細砂糖75公克
　　鹽2公克　鮮奶50公克　酵母2公克　全蛋30公克
　　無鹽奶油15公克

B 抹油：奶油20公克　肉桂粉少量

C 酥粒：全蛋30公克　細砂糖60公克　奶油60公克
　　低筋麵粉150公克　奶粉20公克　泡打粉3公克

D 糖漿：蛋白25公克　糖粉175公克　檸檬汁15公克

✳ 做法

1 麵包體：將高筋麵粉、細砂糖、鹽、鮮奶、酵母、
全蛋混和加入拌勻，再加入無鹽奶油揉至光滑成糰
狀後，發酵50分鐘。

2 將做法1之麵糰擀薄成麵皮，冷藏20分鐘。

3 抹油：奶油加入肉桂粉拌勻。

4 取出做法2之麵皮抹上抹油，捲成圓筒狀，切成2
公分厚度，放入紙容器中，最後發酵膨脹至3倍
大。

5 酥粒：將蛋、細砂糖、奶油、低筋麵粉、奶粉、泡
打粉拌勻後，再搓成小顆粒（圖a），稍微冷藏。

6 在紙容器中的麵糰上刷一層蛋液，再將酥粒撒在上
頭。

7 將作法6之麵糰以上火190℃、下火190℃，烤約9
分鐘，熄火再燜至金黃即可。

8 糖漿：蛋白、糖粉打至接近乾性發泡之後，加入檸
檬汁。

9 將做法8之糖漿，擠在麵包上裝飾（圖b）。

Tips ✳

✳ 這種麵包味道很特殊，若不喜歡抹油中的
肉桂粉，可以不用。

✳ 若要製作成蘋果餡夾心，可買現成市售的
蘋果餡罐頭來替代抹油。

✳ 酥粒冷藏後，可以用粗網篩用手壓過，如
此一來酥粒會較均勻。

✳ 家中沒有發酵箱，可用鋼盆覆蓋住，避免
吹風。

✳ 自己做麵包並未加改良劑，且用直接法，
所以不像麵包店製作的柔軟。

鮪魚千層酥麵包

份量 > 約**8**個

✳ 材料

A 麵包體：高筋麵粉125公克　細砂糖75公克
　　鹽2公克　鮮奶50公克　酵母2公克　全蛋30公克
　　無鹽奶油15公克

B 內餡：洋蔥屑56公克　鮪魚罐頭120公克
　　沙拉醬50公克　粗粒黑胡椒4公克

C 千層酥：起酥片8片　蛋黃2個

✳ 做法

1　麵包體：將高筋麵粉、細砂糖、鹽、鮮奶、酵
　母、全蛋混和加入拌勻，再加入無鹽奶油揉至光
　滑，呈麵糰狀，靜置發酵50分鐘。

2　內餡：將洋蔥屑、鮪魚、沙拉醬、粗粒黑胡椒混
　合拌勻。

3　將麵糰分割成30公克，滾圓，中間發酵10分鐘。

4　麵糰包內餡後略壓扁，發酵50分鐘。

5　將起酥片蓋在麵包上，刷蛋黃液。

6　以上火210℃、下火190℃，烤8分鐘，再燜熟。

Tips

✳ 家中沒有發酵箱，可用鋼盆覆蓋住，避免
　吹風。

✳ 自己做麵包並未加改良劑，且用直接法，
　所以不像麵包店製作的柔軟。

✳ 可以用肉鬆代替鮪魚餡。

甜心三明治

份量 > 約 **10** 個

＊ 材料

吐司20片　馬鈴薯1個　紅蘿蔔1/4條　熟蛋1個
沙拉醬100公克（小包1包）　熱狗5條　玉米粒1罐

＊ 做法

1 吐司先以心形模型壓成甜心形狀。

2 馬鈴薯、紅蘿蔔切丁，放入熱水中煮10分鐘，取
　出瀝乾水份。

3 熟蛋切成小丁，加入煮熟的馬鈴薯、紅蘿蔔，以
　沙拉醬拌勻。

4 熱狗稍微煎一下，對切成兩段，再剖對半。

5 將一片心形麵包放入心形模型中，尖尖的部分放
　1匙玉米粒，兩旁圓弧形部分各放1/4條熱狗。

6 剩餘空間用馬鈴薯泥填滿，再蓋上一片心形吐司
　脫模即完成。

Tips

＊ 熟蛋可以買滷蛋或茶葉蛋代替。

＊ 剩下的吐司可以切成小丁，烤或炸成金黃
　　色，撒在湯上。

Part 6

其他

親子廚房Menu

◎巧克力糖球◎花生可樂果球◎沖繩黑糖布丁◎大福麻糬

◎堅果巧克力◎酥皮藍莓泡芙◎起司煎餅◎聖誕巧克力屋

巧克力糖球

份量 > 約 **25** 個

✳ 材料

巧克力100公克　杏仁角50公克　巧克力模型1片

✳ 做法

1 巧克力切成小塊，隔水加熱融化，水溫不可超過
　　48℃，否則巧克力會產生分離現象。

2 杏仁角用上火180℃、下火180℃，烤5分鐘。

3 杏仁角加入巧克力中拌勻，取1茶匙填入模型之
　　中。

4 待模型中的巧克力冷卻後，翻面輕輕扣出即可。

 Tips ✳

✳ 製作聖誕巧克力屋時所剩下的巧克力，可
　以與來做此產品。

✳ 苦甜巧克力略帶苦味，可選擇牛奶巧克
　力、草莓巧克力、檸檬巧克力等。

花生可樂果球

份量 > **15**個

✳ 材料

奶油38公克　鮮奶60公克　可可粉20公克　細砂糖14
公克　花生醬（有顆粒）74公克　可樂果屑100 公克
開心果仁屑少量（或杏仁角適量）　糖花或銀球適量

✳ 做法

1 奶油、鮮奶、可可粉、細砂糖放入鍋中煮至融
化。

2 加入花生醬攪拌，再加入可樂果屑，拌成泥狀。

3 將做法2的材料，抓出約20公克，搓成圓形。

4 沾上開心果仁屑（或杏仁角），上面用糖花或銀
球裝飾即可。

Tips ✳

✳ 這是一種不用烤箱的點心，用了小孩最愛
吃的可樂果，可以用多種可樂果。

✳ 若要使用杏仁角，則要預先烘烤過。

沖繩黑糖布丁

份量 > 約 **6** 個

✳ 材料

黑糖70公克　水130公克　鮮奶200公克
香草粉3公克　蛋170公克　楓葉糖漿適量

✳ 做法

1 黑糖及水以小火煮至90℃且糖融化。

2 再加入鮮奶、香草粉煮至50℃。

3 將蛋加入做法2材料中輕輕拌勻，並過濾。

4 將做法3的材料，倒入模型中約九分滿，隔水以
　上火140℃、下火130℃烤約30分鐘至表面凝
　固，熄火再燜10分鐘。

5 冷藏後倒扣在盤中，澆上楓葉糖漿食用。

Tips ✳

✳ 烤布丁不可用高溫，否則烤熟扣出會呈現
　洞洞。

✳ 烤布丁的時間隨著布丁大小而定。

✳ 烤布丁時要排列同樣間距，受熱才會一
　致。

大福麻糬

份量＞約**30**個

✳ 材料

A 糯米粉300公克　細砂糖150公克　水300公克
蛋白150公克

B **各式豆沙內餡**：梅子豆沙餡　山藥豆沙餡
抹茶豆沙餡

C **乾熟粉**：太白粉（蒸熟）少許

✳ 做法

1 糯米粉加細砂糖加水混合後，放入蒸籠蒸至透
明。

2 蛋白打至濕性發泡，再分次加入糯米糰中，並快
速攪拌。

3 手抹少量油取糯米糰15公克，任選一種口味的豆
沙內餡10公克，皮包餡搓成圓形。

4 麻糬沾少量的乾熟粉。

Tips ✳

✳ 蒸糯米糰時，可以墊一張蒸烤紙或蒸烤
布，便不會黏在鋼盆中。

✳ 太白粉在蒸熟時，可以用保鮮膜包著，才
不會滴到水而濕濕的。

✳ 亦可用椰子粉或花生粉，代替太白粉。

✳ 餡料可以隨自己喜好做選擇。

堅果巧克力

份量 > 約**16**個

✳ 材料

杏仁粉30公克　糖粉57公克　檸檬皮1/2個
蛋黃17公克　巧克力100公克　夏威夷火山豆16個
開心果約10個

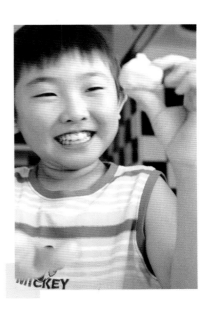

✳ 做法

1　杏仁粉加糖粉、檸檬皮攪拌均勻後，加入蛋黃用
　力壓緊，捏勻，分成16份杏仁糕。

2　巧克力切成小塊，隔水加熱。

3　取1份杏仁糕，包入夏威夷豆後，揉成圓形。

4　放入巧克力中沾勻，放在錫紙上待涼，再沾一次
　巧克力後，取出冷卻。

5　用開心果屑裝飾之。

Tips ✳

✳ 這是一道不必用到烤箱，就能完成的簡易
巧克力西點。

✳ 磨檸檬皮時，不可磨到白色部分，否則味
道會苦。

✳ 沒有火山豆時可以改為小孩愛吃的甜豆。

酥皮藍莓泡芙

份量 > 約 **5** 個

✳ 材料

A 泡芙：高筋麵粉100公克　水175公克
　　　沙拉油75公克　鹽2公克　蛋150公克
B 酥皮：奶油147公克　糖粉167公克　鹽2公克
　　　奶粉30公克　低筋麵粉150公克　藍莓醬200公克

✳ 做法

1 泡芙：高筋麵粉篩勻備用。
2 將水、沙拉油、鹽煮開，再將做法1的麵粉倒
　入，完全煮熟。
3 等麵糊的溫度在65℃時，將蛋分次加入，用力同
　向拌勻。
4 酥皮：將奶油、糖粉、鹽打發，奶粉與低筋麵粉
　一起篩勻加入，用手拌勻，每15公克分成一個，
　壓平成0.2工分厚度的酥皮。
5 麵糊裝入擠花袋中擠成5公分圓形，再將酥皮，
　蓋在麵糊上，以上火210℃、下火200℃烤20分
　鐘，再燜至熟。
6 藍莓醬裝填在泡芙中空處即可。

Tips

✳ 煮油及水時要完全煮沸。
✳ 麵粉一定要煮熟，否則成品的內部會缺乏
　空囊。
✳ 麵糊溫度要降溫再加蛋，否則蛋會被燙
　熟，會影響成品。
✳ 擠麵糊時，不一定要用擠花袋，可用湯匙
　往上垂直旋轉拉起。
✳ 酥皮不可太厚，最好要完全將麵糊蓋滿。
✳ 烘焙中途不可打開烤箱或搖晃烤箱。
✳ 本產品顧及讀者方便製作，所以選擇市售
　現成的藍莓醬，填裝在中空部分即可。

起司煎餅

份量＞約**2**個

＊ 材料

A 春捲皮8張

B 麵糊：麵粉90公克 水60公克

C 乳酪絲100公克 沙拉油適量
花生醬、巧克力醬隨意

＊ 做法

1 春捲皮攤平，抹上麵糊（圖a），再覆蓋上一層春
捲皮。

2 將乳酪絲攤平擺放在雙層的春捲皮上（圖b）。

3 重複做法1，另外製作一份雙層春捲皮，覆蓋在
做法2之乳酪絲上，四周的春捲皮用麵糊黏住，
成餅皮狀。

4 平底鍋放入沙拉油，待煎成酥脆狀，且呈金黃色
即可起鍋。

5 食用時切成塊狀，擠上花生醬或巧克力醬。

 Tips

＊ 用剩的春捲皮可以貯存在冷凍庫，使用時
解凍即可。

＊ 喜歡乳酪絲的話，量可以增加。

＊ 此道菜適合趁熱吃，否則乳酪絲冷卻之後
會變硬，影響口感。

聖誕巧克力屋

份量 > **1**個

✳ 材料

A 特級苦甜巧克力400公克　巧克力屋模型1組
B **裝飾品**：裝飾用彩帶、雪橇、聖誕老公公、聖誕
　　樹、軟糖皆隨意

✳ 做法

1 巧克力切成小塊，隔水加熱融化，倒入模型中並
　均勻搖平（圖a），冷藏。

2 將巧克力片取出，用融化後尚未凝固的巧克力漿
　黏住，製作巧克力屋成品（圖b）。

3 再將所有裝飾品，以巧克力漿黏在屋上即可。

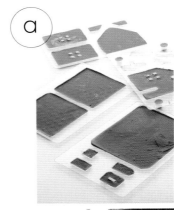

Tips ✳

✳ 巧克力溶解的溫度很重要，絕不可超過48
　℃。

✳ 由模型取下巧克力片時要注意不要斷裂，
　如果斷了，可以放入重新加熱融化即可，
　或留著製作巧克力糖球，千萬不要丟掉。

✳ 因為本造型會添加聖誕老公公及聖誕樹，
　所以模型的人物及樹並沒有灌模。

✳ 造屋的動作要準、快，否則手的溫度會使
　巧克力融化。

Part 7

主食及湯品

綜合披薩

份量 > **1** 個

✳ 材料

A 冷凍披薩皮1份　乳酪絲100公克　披薩醬料1瓶
B **披薩內料**：洋蔥1/2個　培根5條　青椒1個
　　鹹橄欖10個　糖鳳梨3片　洋菇10個　甜黃瓜2湯匙

✳ 做法

1 冷凍披薩皮上面先放乳酪絲，再逐一鋪上所有披
薩內料。

2 澆上披薩醬料，再鋪上一層乳酪絲。

3 以上火200℃、下火200℃，烤20分鐘。

Tips ✳

✳ 可依孩子的喜好選擇添加材料，例如：蝦
子、熱狗等。

✳ 在披薩皮上先放乳酪絲，可以防止材料中
的水份滲入皮內，影響口感。

✳ 此披薩是厚皮的，也可選擇薄皮來製作綜
合披薩。

火腿糯米捲

份量 > 約 **6** 條

＊ 材料

糯米1杯　水0.65杯　熱狗火腿6條　三島香鬆1罐
保鮮膜1捲

＊ 做法

1 糯米洗淨加入水，用電子鍋煮成糯米飯。

2 熱狗用油煎黃。

3 將糯米飯攤在保鮮膜上，放上熱狗後捲起，外圍
　　沾上三島香鬆即可。

Tips

＊ 糯米洗淨後，水要瀝乾，否則會影響糯米
　　的口感。

＊ 糯米飯約鋪8公分寬、長度約比熱狗長1公
　　分左右。

迷迭香蒜味雞捲

份量 > 約**6**個

✳ 材料

雞腿6支　迷迭香1茶匙　香蒜粒1湯匙　鹽2茶匙
黑胡椒粗粒1/2湯匙　錫箔紙適量

✳ 做法

1　雞腿去骨，留小關節骨，用迷迭香、香蒜粒、
　　鹽、黑胡椒醃30分鐘（圖a）。

2　用錫箔紙包捲呈糖果狀（圖b），蒸20分鐘。

3　打開錫箔紙，將雞腿以上火250℃、下火250
　　℃，烤至金黃即可。

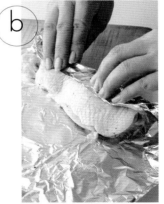

Tips ✳

✳ 雞腿去骨時，若未留小關節，則做出來的
　成品會縮得很小。

✳ 捲雞腿時，要將雞腿先捲成圓筒狀，再用
　錫箔紙包起。

✳ 等到冷卻再打開錫箔紙，形狀較能固定。

咖哩蛋包飯

份量 > **3**人份

✳ 材料

雞胸肉1斤　咖哩粉70公克　酒、鹽、細砂糖少許
太白粉1湯匙　馬鈴薯1個　紅蘿蔔1/2條
小蘋果1個　豬油2湯匙　洋蔥1個　香蒜粒1匙
番茄汁30cc　養樂多1瓶　咖哩塊3小塊　蛋2個
太白粉水1茶匙　白飯1碗

✳ 做法

1 雞肉切塊，用咖哩粉30公克、酒、鹽、細砂糖、
太白粉醃好（圖a），並過油。

2 馬鈴薯及紅蘿蔔切塊並炸過，蘋果切塊備用。

3 起油鍋炒洋蔥、香蒜粒、咖哩粉40公克後加水，
加入做法2的馬鈴薯、紅蘿蔔煮熟後，再放入做
法1的雞胸肉、番茄汁、養樂多及咖哩塊，調
味。

4 蛋加入太白粉水，用少量油煎成厚蛋皮（圖b）。
蓋在白飯上。

5 最後澆上咖哩醬即可。

Tips ✳

✳ 雞肉醃了咖哩粉會比較入味，但是若過油
之後，油會變黃不宜炒菜，若是雞肉用炒
的，餘油可再炒洋蔥。

✳ 若是咖哩塊的用量不夠，濃稠度會不夠，
必須用太白粉水芶芡加強。

✳ 煎蛋時鍋子燒熱，倒入油，待油熱後倒
出，再重新在鍋中倒油煎蛋，較不會沾
鍋。

✳ 蛋液倒入鍋中後，用筷子以圓圈方式撥
弄，待蛋液快凝固時就要停止，否則會變
成炒蛋。

香酥烤全雞

份量 > **1**隻

＊ 材料

全雞1隻　鹽10公克　胡椒粉適量　沙拉油約1湯匙

＊ 做法

1 全雞洗淨，用餐巾紙擦乾。

2 用鹽及胡椒粉抹遍雞身內部及外面，醃置2小左右。

3 烤箱預溫上火240℃、下火220℃。

4 全雞抹上沙拉油，再放入烤箱中烘烤，每隔10分鐘，將雞取出，用烤雞所流出的油，重複淋抹在雞身上，約烤40分鐘即可。

Tips

＊ 在國外的習俗，會在感恩節烤火雞，但我國人情文化不同，可以肉雞替代之，不但烘烤的時間減少許多，且風味更佳，而整隻雞的份量足夠一次派對6～10人份。

＊ 雞肉最好不要醃太鹹，口味較重者，可以另外準備一些胡椒鹽供沾食。

豬肉米漢堡

份量＞約**10**個

＊ 材料

A 五穀米1/2杯　洋蔥屑少量　甜黃瓜少量　熟蛋3個

B **漢堡肉**：豬絞肉200公克　鮮奶1湯匙　鹽1/8茶匙
荳蔻粉1/8茶匙　黑胡椒1/2茶匙　全蛋1個
麵包屑2湯匙　太白粉1/2湯匙

C **醬料**：沙拉醬1/2杯　番茄醬1湯匙
香蒜粉1/8茶匙

＊ 做法

1 五穀米洗淨，用1杯水浸泡1小時之後，再煮成五
穀飯。

2 漢堡肉：豬絞肉加入鮮奶、鹽、荳蔻粉、胡椒粉
拌勻，再加入全蛋、麵包屑及太白粉拌勻。

3 取漢堡肉壓入圓模型中，壓扁成圓形狀，再冷凍
之。

4 取五穀飯，壓入圓模型中，均勻壓扁成圓形，煎
至兩面金黃放盤中。

5 將冷凍的漢堡肉，以小火煎熟，放在米漢堡上，
裝飾洋蔥圈、甜黃瓜、切片熟蛋及醬料即可。

Tips ＊

＊ 五穀米有兩種，一種不需要預先泡水，一
種要預先泡水，購買時先向店家問清楚，
兩者皆可使用。

＊ 攪拌豬肉時須先加鹽，以增加肉的彈性。

＊ 煎漢堡肉時，不須先解凍，因為軟化後不
容易取用。

＊ 小孩若較不喜歡生洋蔥，則可改用熟蛋片
代替。

＊ 五穀米的圓模是7公分直徑、1.5公分高，
漢堡肉的圓模是5公分直徑、1.5公分高。

蔬菜絲雞清湯

份量＞約**5**個

＊ 材料

雞胸肉1個　洋蔥100公克　西芹50公克
紅蘿蔔100公克　蒜苗50公克　月桂葉1片　水2公升
番茄2個　鹽、胡椒適量

＊ 做法

1 雞胸肉、洋蔥、西芹、紅蘿蔔及蒜苗切碎。

2 將做法1所有材料及月桂葉加入水中煮開，一面
　除去泡沫，煮2小時。

3 過濾後，放入番茄肉片即可，調味。

Tips

＊ 這是一道改良自西餐的湯頭，通常加蛋白
　去除固形物而成清湯，難度會較高。

＊ 煮湯時火不要太大，不要加蓋，否則湯不
　會清澈。

＊ 番茄加入時要去皮、去籽，湯才會漂亮。

奶油玉米巧達濃湯

份量 > 約**5**人份

✳ 材料

奶油100公克　洋蔥1/2個　玉米粒2杯
蓬萊米1/2杯　高湯5杯　月桂葉1片　蝦仁30尾
鹽少許　鮮奶1杯　芹菜1株　香蒜粒適量
黑胡椒適量

✳ 做法

1 奶油先用小火提煉出溶清奶油。

2 以溶清奶油炒洋蔥屑及玉米粒與蓬萊米，加入高
湯及月桂葉煮20分鐘（圖a）。

3 月桂葉取出，將做法2的其餘材料裝入果汁機
中，打至無顆粒狀，再過濾湯汁（圖b）。

4 蝦仁用開水燙熟，放入做法3的湯汁中，並加入
鹽、鮮奶與芹菜末即可。

5 食用時可依個人口味加入香蒜粒及黑胡椒，則風
味更佳。

a

b

Tips ✳

✳ 溶清奶油是將動物奶油裝入鍋中，以小火
慢慢煮，取其上頭的清澈部分，適宜用來
煎或炒，比較不會燒焦變黑。

✳ 用果汁機攪打時，一定要將月桂葉取出，
否則湯汁會有黑點。

✳ 若喜歡加鮮奶油，亦可將鮮奶替換成鮮奶
油。

Part 8

飲料

親子廚房Menu

◎波霸奶茶◎仙草凍奶茶（仙草奶凍）◎布丁奶茶◎梅子綠茶

◎多多綠茶◎雞尾酒

波霸奶茶

份量 > **2**杯

✳ 材料

水600cc　紅茶茶葉20公克　奶精6湯匙　果糖4湯匙
鴉片粉圓 100公克　二砂糖1湯匙　冰塊2杯

✳ 做法

1 水煮開熄火,將紅茶茶葉放入並攪拌約2分鐘,
　除去漂浮在上方的泡沫。

2 放置20分鐘後過濾出茶汁,加入奶精及果糖,用
　長匙拌勻成奶茶。

3 鴉片粉圓用10倍的水量熬煮約30分鐘,熄火後再
　燜20分鐘,過濾後並沖過冰水,加入二砂糖拌勻
　備用。

4 將做法2的奶茶,加入冰塊後用雪克杯上下搖晃
　10下。

5 將已經煮好的鴉片粉圓裝入杯中,再將奶茶倒入
　混合。

Tips

✳ 粉圓因為會變硬無法冷藏,所以依使用量
　烹煮,一次不要煮太多。

✳ 紅茶要放置到45℃左右再加入奶精,否則
　上層會漂浮一層白色物。

✳ 果糖可酌量增減。

仙草凍奶茶 (仙草奶凍)

份量 > **2**杯

✳ 材料

水600cc　紅茶茶葉20公克　奶精6湯匙　果糖4湯匙
冰塊2杯　仙草凍1/2杯

✳ 做法

1 水煮開熄火，將紅茶茶葉放入並攪拌約2分鐘，
　除去漂浮在上方的泡沫。

2 放置20分鐘後濾出茶汁，加入奶精及果糖，用長
　匙拌勻成奶茶。。

3 奶茶加入冰塊用雪克杯上下搖晃10下。

4 將仙草凍裝入杯中，再將奶茶倒入混合。

Tips ✳

✳ 仙草凍在專賣店所販賣的是有糖的，也已
　經切成小丁；若是向菜市場所購買的是無
　糖的、是體積較大的塊狀，必須切成小
　塊。

✳ 紅茶要放置到45℃左右才加入奶精，否則
　上層會漂浮一層白色物。

✳ 果糖可酌量增減。

布丁奶茶

份量 > **2**杯

✳ 材料

水600cc　紅茶茶葉20公克　奶精6湯匙　果糖4湯匙
冰塊2杯　布丁2個

✳ 做法

1 水煮開熄火，將紅茶茶葉放入並攪拌約2分鐘，
　除去漂浮在上方的泡沫。

2 放置20分鐘後濾出茶汁。加入奶精及果糖，用長
　匙拌勻成奶茶。

3 奶茶加入冰塊用雪克杯上下搖晃10下。

4 先將布丁裝入杯中，再將奶茶倒入混合。

Tips ✳

✳ 紅茶要放置到45℃左右才加入奶精，否則
　上層會漂浮一層白色物。

✳ 布丁倒入杯中，可用小刀以不規則方式劃
　幾下，方便食用時吸取。

✳ 果糖可酌量增減。

✳ 梅子綠茶

份量 > **2**杯

✳ 材料

水600cc　綠茶茶葉20公克　果糖4湯匙　冰塊2杯
鹹梅子8粒

✳ 做法

1　水煮開熄火並回溫至80℃～85℃之間，將綠茶茶葉放入並攪拌約2分鐘之後，除去漂浮在上方的泡沫。

2　茶葉放置5分鐘後過濾出茶汁，加入果糖，用長匙拌勻。

3　將做法2的茶汁加入冰塊及鹹梅子，用雪克杯上下搖晃10下即可倒入杯中。

多多綠茶

份量 > **2**杯

✳ 材料

水600cc　綠茶茶葉20公克　果糖4湯匙　冰塊2杯
養樂多或多多2瓶

✳ 做法

1 水煮開熄火並回溫至80℃～85℃之間，將綠茶茶
　葉放入並攪拌約2分鐘之後，除去漂浮在上方的
　泡沫。
2 茶葉放置5分鐘後過濾出茶汁。加入果糖，用長
　匙拌勻。
3 將做法2的茶汁加入冰塊、養樂多或多多，用雪
　克杯上下搖晃10下，即可倒入杯中。

✳ ✳ 雞尾酒

份量 > 各 **2** 杯

✳ 螺絲起子材料

伏特加1/2oz 柳丁原汁4oz 百香果糖漿2oz
蘇打水350cc 冰塊、櫻桃、柳丁片各適量

✳ 做法

1 將伏特加、柳丁原汁、百香果糖漿、蘇打水、冰塊，放入雞尾酒缸中混合即可。
2 用櫻桃及柳丁片裝飾之。
3 也可以加入什錦水果罐頭在雞尾酒中，看起來會更豐富。

✳ 綠仙子材料

琴酒1/2oz 綠色薄荷糖漿1oz
七喜汽水350cc 檸檬汁1/2oz
冰塊、綠櫻桃、檸檬片各適量

✳ 做法

1 將琴酒、綠色薄荷糖漿、七喜汽水、檸檬汁、冰塊，放入雞尾酒缸中混合即可。
2 用綠櫻桃及檸檬片裝飾之。
3 也可以加入什錦水果罐頭在雞尾酒中，看起來會更豐富。

✳ 紅天使材料

蘭姆酒2oz 紅石榴糖漿1oz
鳳梨濃縮糖漿1.5oz 蘋果西打350cc
冰塊、檸檬片、櫻桃各適量

✳ 做法

1 將蘭姆酒、紅石榴糖漿、鳳梨濃縮糖漿、蘋果西打、冰塊，放入雞尾酒缸中混合即可。
2 用紅櫻桃及檸檬片裝飾之。
3 也可以加入什錦水果罐頭在雞尾酒中，看起來會更豐富。

附 錄

全省烘焙材料行

燈燦
103台北市大同區民樂街125號
（02）2557-8104

精浩
103台北市大同區重慶北路二段53號1樓
（02）2550-6996

洪春梅
103台北市民生西路389號
（02）2553-3859

申裕
105台北市松山區延壽街402巷2弄13號
（02）2769-7251

義興
105台北市富錦街574巷2號
（02）2760-8115

媽咪
106台北市大安區師大路117巷6號
（02）2369-9568

正大（康定）
108台北市萬華區康定路3號
（02）2311-0991

倫敦
108台北市萬華區廣州街220-4號
（02）23（06）8305

頂顥
110台北市信義區莊敬路340號2樓
（02）8780-2469

大億
111台北市士林區大南路434號
（02）2883-8158

飛訊
111台北市士林區承德路四段277巷83號
（02）2883-0000

元寶
114台北市內湖區環山路二段133號2樓
（02）2658-8991

得宏
115台北市南港區研究院路一段96號
（02）2783-4843

菁乙
116台北市文山區景華街88號
（02）2933-1498

全家
116台北市羅斯福路五段218巷36號1樓
（02）2932-0405

美豐
200基隆市仁愛區孝一路36號
（02）2422-3200

富盛
200基隆市仁愛區南榮路64巷8號
（02）2425-9255

證大
206基隆市七堵區明德一路247號
（02）2456-6318

大家發
220台北縣板橋市三民路一段99號
（02）8953-9111

全成功
220台北縣板橋市互助街36號（新埔國小旁）
（02）2255-9482

旺達
220台北縣板橋市信義路165號
（02）2962-0114

聖寶
220台北縣板橋市觀光街5號
（02）2963-3112

立昀軒
221台北縣汐止市樟樹一路34號
（02）2690-4024

加嘉
221台北縣汐止市環河街183巷3號
（02）2693-3334

佳佳
231台北縣新店市三民路88號
（02）2918-6456

艾佳（中和）
235台北縣中和市宜安路118巷14號
（02）8660-8895

安欣
235台北縣中和市連城路347巷6弄33號
（02）2226-9077

馥品屋
238台北縣樹林鎮大安路175號
（02）2686-2569

崑龍
241台北縣三重市永福街242號
（02）2287-6020

今今
248台北縣五股鄉四維路142巷14弄8號
（02）2981-7755

虹泰
251台北縣淡水鎮水源街一段61號
（02）2629-5593

熊寶寶
300新竹市中山路640巷102號
（03）540-2831

正大（新竹）
300新竹市中華路一段193號
（03）532-0786

力陽
300新竹市中華路三段47號
（03）523-6773

新盛發
300新竹市民權路159號
（03）532-3027

康迪
300新竹市建華街19號
（03）520-8250

艾佳（中壢）
320桃園縣中壢市環中東路二段762號
（03）468-4558

乙馨
324桃園縣平鎮市大勇街禮節巷45號
（03）458-3555

華源（桃園）
330桃園市中正三街38之40號
（03）332-0178

做點心過生活
330桃園市復興路345號
（03）335-3963

陸光
334桃園縣八德市陸光街1號
（03）362-9783

天隆
351苗栗縣頭份鎮中華路641號
（03）766-0837

總信
402台中市南區復興路三段109-4號
（04）2220-2917

永誠
403台中市西區民生路147號
（04）2224-9992

永美

404台中市北區健行路665號

（04）2205-8587

齊誠

404台中市北區雙十路二段79號

（04）2234-3000

銘豐

406台中市北屯區中清路151之25號

（04）2425-9869

利生

406台中市北屯區松竹路三段391號

（04）2291-0739

嵩弘

407台中市西屯區西屯路二段28-3號

（04）2312-4339

豐榮

420台中縣豐原市三豐路317號

（04）2527-1831

明興

420台中縣豐原市瑞興路106號

（04）2526-3953

敬崎

500彰化市三福街197號

（04）724-3927

王誠源

500彰化市永福街14號

（04）723-9446

永明

500彰化市磚窯里芳草街35巷21號

（04）761-9348

上豪

502彰化縣芬園鄉彰南路三段355號

（04）952-2339

金永誠

510彰化縣員林鎮光明街6號

（04）832-2811

順興

542南投縣草屯鎮中正路586-5號

（04）933-3455

信通

542南投縣草屯鎮太平路二段60號

（04）931-8369

宏大行

545南投縣埔里鎮清新里雨樂巷16-1號

（04）998-2766

新瑞益（嘉義）

600嘉義市新民路11號

（05）286-9545

新瑞益（雲林）

630雲林縣斗南鎮七賢街128號

（05）596-3765

好美

640雲林縣斗六市中山路218號

（05）532-4343

彩豐

640雲林縣斗六市西平路137號

（05）535-0990

瑞益

700台南市中區民族路二段303號

（06）222-4417

富美

700台南市北區開元路312號

（06）237-6284

永昌（台南）

700台南市東區長榮路一段115號

（06）237-7115

永豐

700台南市南區南賢街158號

（06）291-1031

銘泉

700台南市南區開安四街24號

（06）246-0929

佶祥

710台南縣永康市鹽行路61號

（06）253-5223

玉記（高雄）

800高雄市六合一路147號

（07）236-0333

正大行（高雄）

800高雄市新興區五福二路156號

（07）261-9852

新鈺成

806高雄市前鎮區千富街241號

（07）811-4029

旺來昌

806高雄市前鎮區公正路181號

（07）713-5345-9

德興（德興烘焙原料專賣場）

807高雄市三民區十全二路101號

（07）311-4311

十代

807高雄市三民區懷安街30號

（07）381-3275

茂盛

820高雄縣岡山鎮前峰路29-2號

（07）625-9679

順慶

830高雄縣鳳山市中山路237號

（07）746-2908

旺來興

833高雄縣鳥松鄉大華村本館路151號

（07）382-2223

啓順

900屏東市民生路79-24號

（08）752-5858

翔峰（裕軒）

920屏東縣潮州鎮廣東路398號

（08）737-4759

欣新

260宜蘭市進士路155號

（03）936-3114

裕明

265宜蘭縣羅東鎮純精路二段96號

（03）954-3429

玉記（台東）

950台東市漢陽路30號

（08）932-5605

梅珍香

970花蓮市中華路486之1號

（03）835-6852

萬客來

970花蓮市和平路440號

（03）836-2628

銀杏　　GINKGO

Oh！Happy親子廚房

作　　　　者：蘇翠娟
出　　版　　者：葉子出版股份有限公司
企　劃　主　編：鄭淑娟
媒　體　企　劃：汪君瑜
特　約　編　輯：詹雅蘭
攝　　　　影：徐博宇、林宗億（迷彩攝影）
美　術　設　計：許丁文
印　　　　務：許鈞棋
登　記　　證：局版北市業字第677號
地　　　　址：台北市新生南路三段88號7樓之3
電　　　　話：（02）2363-5748　　傳真：（02）2366-0313
讀者服務信箱：service@ycrc.com.tw
網　　　　址：http://www.ycrc.com.tw
郵　撥　帳　號：19735365　　　戶名：葉忠賢
印　　　　刷：台裕彩色印刷有限公司
法　律　顧　問：煦日南風律師事務所
初　版　一　刷：2005年4月　　　新台幣：350元
I　S　B　N：986-7609-64-6

國家圖書館出版品預行編目資料

Oh! Happy親子廚房 / 蘇翠娟著. -- 初版. --
臺北市：葉子, 2005[民94]
面；　公分. -- (銀杏)

ISBN 986-7609-64-6(平裝)

1. 食譜 - 點心 2. 飲料
427.16　　　　　　　　94006154

總　經　　銷：揚智文化事業股份有限公司
地　　　　址：台北市新生南路三段88號5樓之6
電　　　　話：(02)2366-0309
傳　　　　真：(02)2366-0310

106-□□
台北市新生南路3段88號5樓之6

揚智文化事業股份有限公司　　收

□□□-□□

地址：　　市縣　鄉鎮市區　路街　段　巷　弄　號　樓
姓名：

Leaves
Publishing

 L5103　　　 Oh！Happy親子廚房

葉 葉子出版股份有限公司
子 讀・者・回・函

感謝您購買本公司出版的書籍。
為了更接近讀者的想法，出版您想閱讀的書籍，在此需要勞駕您
詳細為我們填寫回函，您的一份心力，將使我們更加努力！！

1.姓名：＿＿＿＿＿＿

2.性別：□男 □女

3.生日／年齡：西元＿＿＿＿年＿＿＿＿月＿＿＿日＿＿＿歲

4.教育程度：□高中職以下 □專科及大學 □碩士 □博士以上

5.職業別：□學生□服務業□軍警□公教□資訊□傳播□金融□貿易
　　　　　□製造生產□家管□其他＿＿＿＿＿

6.購書方式／地點名稱：□書店＿＿＿□量販店＿＿＿□網路＿＿＿□郵購＿＿
　　　　　　　　　　　□書展＿＿＿＿□其他＿＿＿

7.如何得知此出版訊息：□媒體＿＿＿□書訊＿＿＿□書店＿＿＿□其他＿＿＿

8.購買原因：□喜歡作者□對書籍內容感興趣□生活或工作需要□其他

9.書籍編排：□專業水準□賞心悅目□設計普通□有待加強

10.書籍封面：□非常出色□平凡普通□毫不起眼

11. E－mail：＿＿＿＿＿＿＿＿＿＿＿＿＿＿＿＿＿＿＿＿

12喜歡哪一類型的書籍：＿＿＿＿＿＿＿＿＿＿＿＿＿＿＿＿

13.月收入：□兩萬到三萬□三到四萬□四到五萬□五萬以上□十萬以上

14.您認為本書定價：□過高□適當□便宜

15.希望本公司出版哪方面的書籍：＿＿＿＿＿＿＿＿＿＿＿＿

16.本公司企劃的書籍分類裡，有哪些書系是您感到興趣的？

□忘憂草（身心靈）□愛麗絲（流行時尚）□紫薇（愛情）□三色菫（財經）

□ 銀杏（飲食健康）□風信子（旅遊文學）□向日葵（青少年）

17.您的寶貴意見：
＿＿＿＿＿＿＿＿＿＿＿＿＿＿＿＿＿＿＿＿＿＿＿＿＿＿＿＿＿

☆填寫完畢後，可直接寄回（免貼郵票）。
　我們將不定期寄發新書資訊，並優先通知您
　其他優惠活動，再次感謝您！！

Leaves Publishing

根　以讀者爲其根本

莖　用生活來做支撐

葉　引發思考或功用

果　獲取效益或趣味